ケース別

農地をめぐる申請手続の
チェックポイント

―権利取得・転用・税制等―

共著　**本木 賢太郎**（弁護士・税理士・公認会計士）
　　　松澤 龍人（一般社団法人　東京都農業会議 業務部長）
　　　飯田 淳二（一般社団法人　東京都農業会議）

新日本法規

は　し　が　き

　昭和27年に農地法が制定され、以降、それぞれの時代背景を受け、法改正を繰り返し、あわせて農地に関する新たな制度が創設されてきました。

　特に、平成の大改正といわれる平成21年12月15日施行の農地法等の一部改正をきっかけに、近年では、担い手の大幅な減少や遊休農地の拡大等の農業情勢から政策的な制度改正や新たな制度の創設が加速的に進められています。

　農地制度は、土地関連制度であるが故に、不動産登記法、都市計画法、税制等と大きく関連し、複雑に絡み合っています。また、地域ごとに適用される制度の有無や運用の濃淡が存在します。

　これらのことが、農地制度の難解さに結びつく要因のひとつであり、手続の多くが関連法令との整合性等をはかる必要性が生じるなど煩雑となっています。

　本書では、農地制度の手続について、具体的なケースを設定し、①申請の前後にどのようなチェックが必要であり、②他法令等を含めどのような事項に留意をし、③どのような書類を作成し提出するか等のポイントを掲げ解説しています。

　設定した項目は、農地法の手続から税制、最近の改正による具体的手続まで幅広く取り扱い、多くの分野の方々が利用できる内容としております。

　本書が農地制度の理解や煩雑化する手続のための一助となれば幸いです。

　最後に、本書の出版の機会を与えてくださいました新日本法規出版株式会社の福岡亮祐氏をはじめ編集部また関係各位に心より感謝を申し上げます。

　令和元年7月

本　木　賢太郎
松　澤　龍　人
飯　田　淳　二

執 筆 者 一 覧

本木　賢太郎（弁護士・税理士・公認会計士）

松澤　龍人（一般社団法人　東京都農業会議　業務部長）

飯田　淳二（一般社団法人　東京都農業会議）

凡　例

＜本書の内容＞

　本書は、農地に関して手続を要する具体的なケースを設定した上で、各種申請の際のチェックポイントを解説したものです。

＜本書の構成＞

　1ケースの構成は、次のとおりです。

見出し	ケースの内容を簡潔に表します。
ケース	具体的なケースの内容を記述して手続について問いかけます。
◆チェック	各種申請を行う際の確認事項、留意点、知っておくべき知識等をチェックリスト方式で示しています。◆チェックの各項目は後記　解　説　の各見出しに対応しています。
解　説	◆チェックの各項目について、POINT を掲げた上で、詳細に解説しています。
【参考書式】	必要に応じて、各種申請を行う際に作成する書式を掲載しています。

＜法令等の表記＞

　根拠となる法令等の略記例及び略語は次のとおりです（〔　〕は本文中の略語を示します。）。

　　農地法第3条第1項第12号 ＝ 農地3①十二

　　平成30年11月20日付け30経営第1796号 ＝ 平30・11・20　30経営1796

農地	農地法	生産緑地則	生産緑地法施行規則
農地令	農地法施行令	相税	相続税法
農地則	農地法施行規則	租特	租税特別措置法
市民農園整備	市民農園整備促進法	租特令	租税特別措置法施行令
市民農園整備則	市民農園整備促進法施行規則	特定農地貸付〔特定農地貸付法〕	特定農地貸付けに関する農地法等の特例に関する法律
所税	所得税法		
生産緑地	生産緑地法		

特定農地貸付則	特定農地貸付けに関する農地法等の特例に関する法律施行規則	非訟規	非訟事件手続規則
		不登	不動産登記法
都市農地貸借〔都市農地貸借円滑化法〕	都市農地の貸借の円滑化に関する法律	民	民法
		改正民〔改正民法〕	民法の一部を改正する法律（平成29年法律44号）による改正後の民法
都市農地貸借則	都市農地の貸借の円滑化に関する法律施行規則	民調	民事調停法
農協	農業協同組合法	民調規	民事調停規則
農経基盤	農業経営基盤強化促進法	相基通	相続税法基本通達
農地中間〔農地中間管理事業法〕	農地中間管理事業の推進に関する法律		

＜判例の表記＞

　根拠となる判例の略記例及び出典の略称は次のとおりです。

　最高裁判所昭和50年4月11日判決、判例時報778号61頁

　＝最判昭50・4・11判時778・61

判時　　　判例時報

目　次

第1章　農地の権利取得と移転

ページ

Case 1　農地に付された仮登記に基づき所有権本登記を得たい………………………3

Case 2　農地法3条の許可を得て農地の所有権を取得したい……………………………8

Case 3　農地法3条の許可を得て農地を借りたい…………………………………………15

Case 4　賃借権のある農地を取得したい……………………………………………………18

Case 5　農地の特定遺贈を受けるために農地法の手続をしたい………………………21

Case 6　農地に区分地上権を設定したい……………………………………………………24

Case 7　農地に地役権を設定したい…………………………………………………………29

Case 8　競売に入札をし農地の所有権を取得し耕作地を増やしたい…………………34

Case 9　農地を信託したい……………………………………………………………………37

Case10　農地所有者が認知症になってしまったが農地を売買したい（成年
　　　　後見）…………………………………………………………………………………39

第2章　法　人

Case11　農地所有適格法人を設立し、農地の所有権を取得したい……………………45

Case12　農地所有適格法人以外の法人形態で農地を借りたい…………………………54

Case13　法人の欠かせない事業の用に供するため農地の権利を取得したい…………62

第3章　賃貸借の解約

Case14　賃貸借している農地の返還を受けるために農地法18条の許可申請
　　　　をしたい………………………………………………………………………………67

Case15　農地法18条6項による賃貸借の合意解約の通知をしたい……………………72

第4章　農地転用

Case16　市街化区域の農地を転用し住宅用地として売却するために農地法
　　　　5条の届出をしたい…………………………………………………………………77

2 目　次

Case17　農地転用の許可を得て自己所有の農地に自家用駐車場を設置した
　　　　　い……………………………………………………………………………82

Case18　農地転用の許可を得て市街化調整区域の農地に後継者の住宅を建
　　　　　設したい…………………………………………………………………88

Case19　農地に携帯電話の電波塔を設置する手続をしたい…………………91

Case20　第一種農地に営農型の太陽光発電設備を設置したい………………94

Case21　農地転用に当たらない農作物栽培高度化施設を借り受けている農
　　　　　地に設置したい………………………………………………………103

Case22　競売に入札をし市街化区域の農地を転用目的で取得したい………115

第5章　市民農園

Case23　市が開設する市民農園の用地として畑を貸したい…………………121

Case24　自己所有する農地で自ら市民農園を開設したい……………………127

Case25　自己所有する農地をＮＰＯ法人が開設する市民農園の用地として
　　　　　貸したい………………………………………………………………144

Case26　自己所有する生産緑地をＮＰＯ法人が開設する市民農園の用地と
　　　　　して貸したい…………………………………………………………153

第6章　地目変更

Case27　現況が宅地で登記地目が畑の土地の登記地目を変更したい………167

Case28　登記地積と実測面積に乖離があるので登記地積を更正したい……171

第7章　生産緑地

Case29　主たる従事者の死亡により生産緑地の行為制限を解除したい……175

Case30　特定生産緑地の指定を受けたい………………………………………180

Case31　生産緑地を貸したい……………………………………………………186

第8章　贈与税

Case32　後継者に所有する全ての畑を贈与し、農地等贈与税納税猶予特例
　　　　の適用を受けたい……………………………………………………205

Case33　後継者に所有する全ての畑を贈与し、申告により相続時精算課税
　　　　制度の適用を受けたい……………………………………………211

Case34　贈与税納税猶予制度適用農地を特定貸付けしたい………………214

第9章　相続税

Case35　相続を受ける農地について、相続税納税猶予特例の適用を受け、
　　　　相続税の申告をしたい…………………………………………………221

Case36　相続税納税猶予制度適用農地の買換えの特例を受けたい………225

Case37　相続税納税猶予制度適用農地を貸したい…………………………230

Case38　都市農地貸借円滑化法又は特定農地貸付法の用に供される生産緑
　　　　地について相続税納税猶予制度の適用を受けたい…………………238

Case39　相続放棄をしたい……………………………………………………246

Case40　相続税の申告をしたい………………………………………………253

第10章　所得税

Case41　新規就農したので開業時の税務上の諸手続を知りたい…………259

Case42　農業経営で赤字になったので損失申告したい……………………267

第11章　その他

Case43　農業経営基盤強化促進法の農用地利用集積計画で農地の所有権の
　　　　移転をしたが、税制の控除を受けたい…………………………………277

Case44　一人の権利者が耕作している相続未登記の農地を第三者の農業者
　　　　に貸したい………………………………………………………………281

Case45　農地の紛争を解決するため、農事調停を利用したい……………287

Case46　農地の紛争を解決するため、農業委員会による和解の仲介を利用
　　　　したい………………………………………………………………………290

第 1 章

農地の権利取得と移転

第1章　農地の権利取得と移転　　3

Case 1　農地に付された仮登記に基づき所有権本登記を得たい

　私（甲）は、農地を開発して利益を得ることを企図して、農地Ａに所有権移転請求権仮登記（「仮登記Ａ」とします。）を、農地Ｂに農地法3条の許可を条件とした条件付所有権移転仮登記（「仮登記Ｂ」とします。）を、農地Ｃに農地法5条の許可を条件とした条件付所有権移転仮登記（「仮登記Ｃ」とします。）を有しています。

　これらの仮登記に基づき農地の所有権本登記を得たいと考えていますが、事前に確認しておくことはありますか。

◆チェック

□　農地所有者の協力は得られるか
□　予約完結権が時効により消滅していないか
□　農地法上の許可申請協力請求権が時効で消滅していないか
□　農地法3条許可要件を充足するか
□　農地法5条許可要件を充足するか
□　仮登記権利者（甲）が所有権を取得できない場合の対応策はあるか

解　説

1　農地所有者の協力は得られるか

POINT

　いずれの仮登記も所有権本登記を得る上では農地法上の許可が必要です。仮登記の原因となる行為から相当期間が経過している場合、農地所有者との関係性が変化し許可申請への協力が得られなくなってしまったということがないか検討しておくことが重要です。

仮登記に基づき本登記を得たいという場合、農地法上の許可を得て必要書類を揃えた上で登記申請手続をします。農地法上の許可申請をする上でも、登記手続を進める上でも農地所有者の協力が不可欠です。

農地の売買契約を締結し、時間を空けることなく農地法3条許可申請をすれば農地所有者の気持ちが変わってしまい協力が得られなくなってしまうという懸念は少ないかもしれません。しかしながら、本ケースでは、仮登記の原因となる行為を行った後に相当程度の期間が経過してから、仮登記権者から登記申請がなされることが想定されます。

時間が経過すると、先祖伝来の農地を売却してしまったことに未練があって農地所有者が許可申請等に協力しないという事態や、農地所有者が亡くなっていて相続登記すらなされておらず相続人の有無や所在すら分からないという事態もあるかもしれません。

特に、開発行為を企図して農地の購入を進めていたという企業からの相談では、農地所有者が単独ということは少なく、複数の農地所有者と交渉し仮登記をしていたという事例も散見されます。

仮登記に基づく本登記を得たいという場合、仮登記権者は、農地所有者の協力が得られるかという点をまず検討しておくことが、申請を円滑に進める上で重要です。

2 予約完結権が時効により消滅していないか

POINT

昭和の時代の仮登記が現在も多く残されています。売買予約を原因とした所有権移転請求権仮登記によって保全された予約完結権が時効により消滅していないか検討しておくことが必要です。

農地の売買に際して、売買予約を原因として所有権移転請求権仮登記がされることがあります（不登105二）。所有権移転請求権仮登記は、権利者（買主）が予約完結権を保全するための仮登記です。権利者は、予約完結権を行使することで売買契約を成立させることができます。

予約完結権は、債権であり、10年間行使しないときは、時効により消滅します（民167）。予約完結権が時効で消滅する場合、仮登記に基づく本登記請求権も消滅します。したがって、仮登記Aによって保全されている予約完結権が、時効により消滅していないか検討しておく必要があります。

なお、消滅時効により予約完結権が消滅するには、義務者（売主）が消滅時効を援用する必要があります（民145）。消滅時効の完成前に予約完結権が行使されていたり、10年間経過後であっても義務者が予約完結権の行使を承諾しているといった場合には、有効に予約完結権を行使することができます。

ところで、時効に関する民法の規定は改正されており、改正民法が令和2年4月1日から施行されます。改正民法では、権利を行使することができる時から10年間の経過だけでなく、権利を行使することができることを知った時から5年間行使しない時にも、債権は時効によって消滅することになるため注意が必要です（改正民166①）。施行日以前に生じた債権は改正前の規定が適用されますが、施行日である令和2年4月1日以降に生じた債権は、権利を行使することができることを知った時から5年間で消滅時効が成立する改正民法が適用されることに留意が必要です。

3　農地法上の許可申請協力請求権が時効で消滅していないか

> **POINT**
>
> 　農地の買主が売主に対して有する農地法上の許可申請協力請求権は、権利行使することができる時から10年の経過により時効によって消滅します。農地法上の許可申請協力請求権が時効で消滅していないか検討しておくことが必要です。

仮登記Bや仮登記Cは、農地の買主と売主が農地法上の許可を条件として売買契約を締結したことを原因としています。買主は、農地法上の許可が受けられていない状況において、所有権本登記を得るために必要な農地法に基づく許可書の提出ができないため仮登記となっています（不登105一）。

農地の買主は、売主に対し、農地法上の許可申請に協力するよう請求する権利を有しています。この農地法上の許可申請協力請求権は、許可により初めて移転する農地所有権に基づく物権的請求権ではなく、また所有権に基づく登記請求権に随伴する権利でもなく、売買契約に基づく債権的請求権です。すなわち、農地の買主が売主に対して有する農地法上の許可申請協力請求権は、民法167条1項所定の債権に当たります。そのため、農地法上の許可申請協力請求権は、その権利を行使することができる時から10年の経過により時効によって消滅します（最判昭50・4・11判時778・61）。

仮登記Bや仮登記Cは、許可申請協力請求権が時効によって消滅していないか検討しておくことが重要です。なお、2で解説したとおり時効に関する民法の規定が改正されているため留意が必要です。

ところで、売買代金を全額受け取り買主側が事実上農地管理を担っていた場合や、家督相続をした長男が親族に贈与し引渡し済で長年耕作していた場合等に農地法上の許可申請協力を求められた際に消滅時効を援用することは信義則に反し許されないと解されています。

4　農地法3条許可要件を充足するか

POINT

　仮登記Aで保全された予約完結権を行使した場合、農地法上の許可を条件とした売買契約が成立します。売買契約に基づき所有権移転の効力が生ずるためには、農地法3条許可が必要になります。

農地法3条許可についての詳細は、Case2をご参照ください。

5　農地法5条許可要件を充足するか

POINT

　仮登記Cは、農地法5条許可を条件とした条件付所有権移転仮登記です。仮登記Cに基づく所有権本登記を得るためには、農地法5条許可を受ける必要があります。

農地法5条許可についての詳細は、Case17をご参照ください。

6　仮登記権利者（甲）が所有権を取得できない場合の対応策はあるか

POINT

　仮登記権利者（甲）が農地の権利設定を受ける資格がなく農地法上の許可が得られない場合、農地所有者との間で交わした仮登記の原因となる行為の解除や、仮登記権利者としての地位の譲渡により対応することが考えられます。農地買受適格者が仮登記権利者としての地位を譲り受けた場合、農地法上の許可を得て農地譲受者が農地所有権を取得することが可能になります。

　仮登記権利者（甲）は、今後も農地所有権を取得する目途が立たないまま当該権利を保持したとしても利益を得ることはできません。農地所有者が死亡した場合、農地所有者の相続人が交渉相手となりますが、相続人が多数存在すると事務手続が煩雑で交渉が容易に進まず交渉コストが高くつくことになります。

そのため、仮登記権利者（甲）が農地所有権を取得する目途が立たない場合、仮登記の原因行為を解除して代金の一部又は全部を取り戻したり、農地買受適格者に仮登記権利者としての地位を譲渡したりすることで投下資本の回収を図ろうとすることを考えます。

農地買受適格者に対する仮登記権利者としての地位の譲渡に農地所有者が賛同する場合、地位の譲受人と農地所有者が農地法上の許可申請をすることで農地法上の許可を得ることが期待できます。

8 第1章 農地の権利取得と移転

Case2 農地法3条の許可を得て農地の所有権を取得したい

　経営規模を拡大したいので、知人の農家から農地の所有権を取得（購入）するために農地法3条の許可申請をするのですが、許可要件などはあるのでしょうか。また、留意点などはあるのでしょうか。

◆チェック

□ 農地法3条の許可要件を満たせるか
□ 農地の権利を取得しようとする者又は世帯員等で許可要件を満たせるか
□ 貸借されている農地ではないか
□ 相続税等納税猶予制度の適用を受けている農地か

解　説

1　農地法3条の許可要件を満たせるか

POINT

　農地法3条の許可を得るには、原則、譲受人が主に4つの許可要件の全てを満たすことが必要です。

　主な許可要件は以下の4つになります。

①　全部効率利用要件（農地3②一、平12・6・1　12構改B404）

　農地の権利を取得しようとする者又は世帯員等が、農業に必要な機械の所有状況や農作業に従事する者の人数及び技術からみて、農地の全てを効率的に利用すると認められることが必要です。

②　農作業常時従事要件（農地3②四、平12・6・1　12構改B404）

　農地の権利を取得しようとする者又は世帯員等が、農作業に常時従事すると認められることが必要です（原則、年間150日以上の農作業）。

③　下限面積要件（農地3②五）

　農地の権利を取得しようとする者又は世帯員等の農業に供すべき農地の面積の合

計が、権利取得後、50a以上になると認められることが必要です（北海道は2ha以上。別段面積の定めがある場合はその面積）。

④ 地域との調和要件（農地3②七）

農地の権利を取得しようとする者又は世帯員等が、権利取得後に行う農業の内容並びに農地の位置及び農地の規模からみて、農地の集団化、農作業の効率化その他周辺の地域における農地の効率的かつ総合的な利用の確保に支障を生ずるおそれがないと認められる必要があります。

農地の貸借について農地法3条の許可を受ける場合も、これらの要件を満たす必要があります。

主に4つの要件の全てを満たすことが原則必要ですが、例外規定が設けられています（農地令2①～③）。

法人の農地の権利取得については、Case11～13を参照してください。

2　農地の権利を取得しようとする者又は世帯員等で許可要件を満たせるか

POINT

農地法3条の許可要件は、農地の権利を取得しようとする者又は世帯員等で満たせばよいこととなっています。

世帯員等の法律の定義は、農地法2条2項に規定されています。

【農地法2条2項】

この法律で世帯員等とは、住居及び生計を一にする親族（次に掲げる事由により一時的に住居又は生計を異にしている親族を含む。）並びに当該親族の行う耕作又は養畜の事業に従事するその他の二親等内の親族をいう。

一　疾病又は負傷による療養

二　就学

三　公選による公職への就任

四　その他農林水産省令で定める事由

<二親等内の親族の範囲>

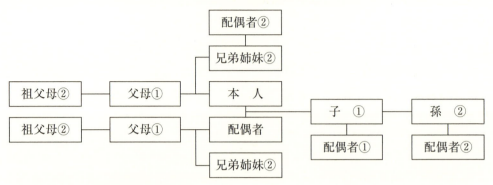

※①は一親等、②は二親等を示します。

3　貸借されている農地ではないか

> **POINT**
> 　第三者に貸借されている農地を購入する場合には、譲渡人が貸借を解約する必要があります。

　第三者に貸借されている農地を購入する場合には、原則譲渡人が第三者との貸借を解約するか、若しくは1年以内に解約をすることが可能であることが必要です（Case 4参照）。

4　相続税等納税猶予制度の適用を受けている農地か

> **POINT**
> 　農地の譲渡人は、相続税等納税猶予制度の適用を受けている農地を譲渡した場合には、原則、期限の確定（制度の打切り）となります。

　農地の譲渡人は、相続税及び贈与税納税猶予制度（以下「相続税等納税猶予制度」といいます。）の適用を受けている農地を譲渡した場合には、原則、期限の確定（制度の打切り）となりますので注意が必要です。

　ただし、1年以内に代替地を購入し、その代替地に相続税等納税猶予制度を付け替える買換えの特例を受ければ、期限の確定（制度の打切り）になりません。詳しくはCase36を参照してください。

【参考書式】
○農地法第3条の規定による許可申請書（抜粋）

様式例第1号の1

農地法第3条の規定による許可申請書

○○○○年○○月○○日

○○市農業委員会会長　殿

当事者
　＜譲渡人＞　　　　　　　　　　　　　　　　＜譲受人＞
　　住所　○○県○○市○○町○丁目○番○号　　　住所　○○県○○市○○町○丁目○番○号
　　氏名　○○○○　　　　　　　　　印　　　　　氏名　○○○○　　　　　　　　　印

下記農地(採草放牧地)について ｛ 所有権 / 賃借権 / 使用貸借による権利 / その他使用収益権（　　　）｝ を ｛ 設定（期間○○年間） / 移転 ｝

したいので、農地法第3条第1項に規定する許可を申請します。（該当する内容に○を付してください。）

記

1　当事者の氏名等

当事者	氏名	年齢	職業	住所
譲渡人	○○○○	○○	農業	○○県○○市○○町○丁目○-○
譲受人	○○○○	○○	農業	○○県○○市○○町○丁目○-○

2　許可を受けようとする土地の所在等 （土地の登記事項証明書を添付してください。）

所在・地番	地目（登記簿）	地目（現況）	面積(㎡)	対価、賃料等の額(円) [10a当たりの額]	所有者の氏名又は名称 現所有者の氏名又は名称（登記簿と異なる場合）	所有権以外の使用収益権が設定されている場合 権利の種類、内容	権利者の氏名又は名称
○○市○○町○○番地	田	田	3,000	3,000,000			
○○市○○町○○番地	畑	畑	2,000	2,000,000			
				1,000,000／10a			

3　権利を設定し、又は移転しようとする契約の内容

　1．権利の設定時期　　　　　　　○○○○年○○月○○日
　2．土地の引渡しを受ける時期　　○○○○年○○月○○日

第1章 農地の権利取得と移転

農地法第3条の規定による許可申請書（別添）

I 一般申請記載事項

＜農地法第3条第2項第1号関係＞

1－1 権利を取得しようとする者又はその世帯員等が所有権等を有する農地及び採草放牧地の利用の状況

所有地		農地面積（㎡）	田	畑	樹園地	採草放牧地面積（㎡）
	自作地	20,000	10,000	10,000		
	貸付地					

		所在・地番	地目		面積（㎡）	状況・理由
			登記簿	現況		
	非耕作地					

所有地以外の土地		農地面積（㎡）	田	畑	樹園地	採草放牧地面積（㎡）
	借入地	30,000	20,000	10,000		
	貸付地					

		所在・地番	地目		面積（㎡）	状況・理由
			登記簿	現況		
	非耕作地					

第1章　農地の権利取得と移転　13

1-2　権利を取得しようとする者又はその世帯員等の機械の所有の状況、農作業に従事する者の
　数等の状況
(1) 作付(予定)作物、作物別の作付面積

	田	畑			樹園地				採草放牧地
作付(予定)作物	水稲	キャベツ	ダイコン	カブ					
権利取得後の面積(㎡)	33,000	12,000	5,000	5,000					

(2) 大農機具又は家畜

数量　　種類	トラクター	田植機	コンバイン	野菜収穫機	
確保しているもの 所有／リース	30ps1台	6条　1台	6条　1台	一式	
導入予定のもの 所有／リース（資金繰りについて）		1台（6条）			○○県の補助金を活用して導入

(3) 農作業に従事する者
　　①　権利を取得しようとする者が個人である場合には、その者の農作業経験等の状況
　　　　農作業暦○○年、農業技術修学暦○○年、その他（　　　　　　　　　　　　　　　）

②　世帯員等その他常時雇用している労働力(人)	現在：	4	（農作業経験の状況：10～30年の農作業経験者　　　　　）
	増員予定：	1	（農作業経験の状況：農業大学校の卒業生を採用予定　　）
③　臨時雇用労働力(年間延人数)	現在：	100	（農作業経験の状況：野菜の収穫作業など2～5年の農作業経験者）
	増員予定：		（農作業経験の状況：　　　　　　　　　　　　　　　　）

　　④　①～③の者の住所地、拠点となる場所等から権利を設定又は移転しようとする土地までの
　　　　平均距離又は時間　15分

第1章　農地の権利取得と移転

＜農地法第3条第2項第2号関係＞（権利を取得しようとする者が農地所有適格法人である場合のみ記載してください。）
2　その法人の構成員等の状況（別紙に記載し、添付してください。）

＜農地法第3条第2項第3号関係＞
3　信託契約の内容（信託の引受けにより権利が取得される場合のみ記載してください。）

＜農地法第3条第2項第4号関係＞（権利を取得しようとする者が個人である場合のみ記載してください。）
4　権利を取得しようとする者又はその世帯員等のその行う耕作又は養畜の事業に必要な農作業への従事状況
（「世帯員等」とは、住居及び生計を一にする親族並びに当該親族の行う耕作又は養畜の事業に従事するその他の2親等内の親族をいいます。）

農作業に従事する者の氏名	年齢	主たる職業	権利取得者との関係（本人又は世帯員等）	農作業への年間従事日数	備　考
○○○○	○○	農業	本人	300日	
○○	○○	農業	妻	280日	
○○	○○	農業	子	300日	
○○	○○	農業	子の妻	280日	

＜農地法第3条第2項第5号関係＞
5-1　権利を取得しようとする者又はその世帯員等の権利取得後における経営面積の状況（一般）
（1）権利取得後において耕作の事業に供する農地の面積の合計
（権利を有する農地の面積＋権利を取得しようとする農地の面積）＝　　55,000　（㎡）

（2）権利取得後において耕作又は養畜の事業に供する採草放牧地の面積の合計
（権利を有する採草放牧地の面積＋権利を取得しようとする採草放牧地の面積）＝　　　　　（㎡）

（平21・12・11　21経営4608・21農振1599　別紙1　様式例第1号の1）

第1章　農地の権利取得と移転　　15

Case 3　農地法3条の許可を得て農地を借りたい

　経営規模を拡大したいので、知人の農家から農地を借りるために農地法3条の許可申請をしたいのですが、許可要件や手続はどのようになっていますか。また、貸し借りには、留意点などはありますか。

◆チェック

□　農地法3条の許可要件を満たせるか
□　賃貸借の解約には都道府県知事等の許可等が必要

解　説

1　農地法3条の許可要件を満たせるか

POINT
　農地法3条の許可を得るには、許可要件を満たすことが必要です。

　農地法3条の許可要件や手続についての詳細は、Case 2をご参照ください。

2　賃貸借の解約には都道府県知事等の許可等が必要

POINT
　貸借の解約には都道府県知事等の許可等が必要です。使用貸借は貸借期間が終了すれば、解約されます。

　賃貸借は借人が貸人に賃料を支払う貸借であり、使用貸借は無償での貸借です。賃貸借と使用貸借では、解約時の取扱い等が以下のとおり異なります。
　(1)　賃貸借の解約（Case14・15参照）
　農地法3条の許可を得て賃借した農地は、民法の原則（民616）と異なり、基本的には、賃借の期限が終了しても、自動的に契約は終了せず、賃貸借契約は法定更新されます。解約し農地の賃貸借を終了するには、農地法18条に基づく許可や合意解約等が必要です。このため、農地の賃貸借は、通常、農地法3条ではなく、農地中間管理事業や農業経営基盤強化促進法の利用権設定などによる手続が行われています。

ただし、農地法3条による賃貸借であっても農地法18条の許可等を得ずに解約ができる例外として、10年以上の期間の定めのある賃貸借の場合などがあります（農地18①三）。

(2)　使用貸借の解約

農地法3条の許可を得て、使用貸借で借り受けている農地は、貸借期間が終了すれば、返還することになります（民597）。

ただし、自治体や農業委員会から貸付期限の事前連絡は、原則、ありません。

そのため、貸借期限を過ぎた後も借主の耕作が継続しているケースがみられます。この場合、法律の手続を経ていない貸借となりますので、貸借期間を定めた使用貸借は、その期間を正確に把握しておくことが大切です。

第1章 農地の権利取得と移転

【参考書式】
○農地法第3条の規定による許可申請書（抜粋）

様式例第1号の1

農地法第3条の規定による許可申請書

○○○○年○○月○○日

○○市農業委員会会長　殿

当事者
　＜譲渡人＞　　　　　　　　　　　　　　　＜譲受人＞
　　住所　○○県○○市○○町○丁目○番○号　　住所　○○県○○市○○町○丁目○番○号
　　氏名　○○○○　　　　　　　　印　　　　氏名　○○○○　　　　　　　　印

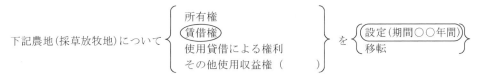

したいので、農地法第3条第1項に規定する許可を申請します。（該当する内容に○を付してください。）

記

1　当事者の氏名等

当事者	氏名	年齢	職業	住所
譲渡人	○○○○	○○	農業	○○県○○市○○町○丁目○番○号
譲受人	○○○○	○○	農業	○○県○○市○○町○丁目○番○号

2　許可を受けようとする土地の所在等（土地の登記事項証明書を添付してください。）

所在・地番	地目（登記簿）	地目（現況）	面積(㎡)	対価、賃料等の額(円)［10a当たりの額］	所有者の氏名又は名称　現所有者の氏名又は名称（登記簿と異なる場合）	所有権以外の使用収益権が設定されている場合　権利の種類、内容	権利者の氏名又は名称
○○市○○町○○番地	田	田	5,000	50,000			
○○市○○町○○番地	畑	畑	3,000	30,000　年10,000／10a			

3　権利を設定し、又は移転しようとする契約の内容
　1. 権利の設定時期　　　　　　○○○○年○○月○○日
　2. 土地の引渡しを受ける時期　○○○○年○○月○○日
　3. 契約期間　　　　　　　　　○○○○年○○月○○日から○○○○年○○月○○日まで

（平21・12・11　21経営4608・21農振1599　別紙1　様式例第1号の1）

18　　　　　第1章　農地の権利取得と移転

Case4　賃借権のある農地を取得したい

　家族で農業を営んでいますが、近くに住む親戚の農業者が高齢のため離農することになり、現在、第三者に賃貸している農地の所有権を私に譲りたいとの申出がありました。賃貸している農地の所有権を取得するためには、どのような手続や要件が必要なのでしょうか。

◆チェック

□　農地法3条の許可要件を全て満たしているか
□　賃貸している農地は返還される見込みであるか

解　説

1　農地法3条の許可要件を全て満たしているか

POINT

　農地の所有権を取得するためには、農地法3条の許可要件を全て満たすことが必要であり、さらに、現状のみならず取得した農地で耕作を開始したときにも全部効率利用要件を満たすことが見込まれていなければなりません。

　農地法3条の許可要件はCase2にあるように、主に、①全部効率利用要件、②農作業常時従事要件、③下限面積要件、④地域との調和要件等があり、全ての要件を満たす必要があります。ただし、本ケースでは、そのうちの全部効率利用要件については、現状で農地等を全て効率的に利用しており、新たに権利を取得した農地で耕作を開始したときにおいても全部効率利用要件を満たすと見込まれることが必要になります（農地令2①二）。

2　賃貸している農地は返還される見込みであるか

POINT

　賃貸している農地は1年以内に返還されることが要件となります。

　賃貸している農地の所有権を取得するに当たっては、「その農地等の所有権を取得

しようとする者又はその世帯員等が自らの耕作又は養畜の事業に供することが可能となる時期が、許可の申請の時から1年以上先である場合には、所有権の取得を認めないことが適当である」（平12・6・1　12構改B404　別紙1　第3・3(4)）と通知されているため、農地法3条の許可申請時に、1年以内に当該農地が返還される見込みであることが要件となります。

　なお、農地中間管理事業法、若しくは農業経営基盤強化促進法の利用権設定による賃貸借は貸借の期間が終了すれば所有者に農地が返還されますが、農地法3条による賃貸借等の場合は、原則、解約に当たり、都道府県知事等の許可若しくは賃借人の同意が必要となります（農地18①）（Case14・15参照）。

第1章 農地の権利取得と移転

【参考書式】
〇農地法第3条の規定による許可申請書（抜粋）
様式例第1号の1

農地法第3条の規定による許可申請書

〇〇〇〇年〇〇月〇〇日

〇〇市農業委員会会長　殿

当事者
　＜譲渡人＞　　　　　　　　　　　　　＜譲受人＞
　　住所　〇〇県〇〇市〇〇町〇番〇号　　住所　〇〇県〇〇市〇〇町〇番〇号
　　氏名　〇〇〇〇　　　　　　　印　　　氏名　〇〇〇〇　　　　　　　印

下記農地（採草放牧地）について ｛所有権／賃借権／使用貸借による権利／その他使用収益権（　）｝ を ｛設定（期間〇〇年間）／移転｝

したいので、農地法第3条第1項に規定する許可を申請します。（該当する内容に〇を付してください。）

記

1　当事者の氏名等

当事者	氏名	年齢	職業	住所
譲渡人	〇〇〇〇	〇〇	農業	〇〇県〇〇市〇〇町〇番〇号
譲受人	〇〇〇〇	〇〇	農業	〇〇県〇〇市〇〇町〇番〇号

2　許可を受けようとする土地の所在等（土地の登記事項証明書を添付してください。）

所在・地番	地目（登記簿／現況）	面積(㎡)	対価、賃料等の額(円)［10a当たりの額］	所有者の氏名又は名称（現所有者の氏名又は名称（登記簿と異なる場合））	所有権以外の使用収益権が設定されている場合（権利の種類、内容／権利者の氏名又は名称）
〇〇市〇〇町〇〇番地	畑／畑	〇〇〇〇	〇〇〇〇／10a		賃借権／〇〇〇〇

3　権利を設定し、又は移転しようとする契約の内容
　現在賃借人〇〇〇〇が耕作しているが、賃借人と譲渡人の連名により農業委員会に〇〇〇〇年〇〇月〇〇日に農地を返還するという農地法18条6項の届出がされており、譲受人は農地の所有権を取得した後、申請農地で〇〇〇〇年〇〇月〇〇日より耕作を開始する予定である。

（平21・12・11　21経営4608・21農振1599　別紙1　様式例第1号の1）

第1章　農地の権利取得と移転　　21

Case 5　農地の特定遺贈を受けるために農地法の手続をしたい

　家族で農業を営んでいます。先日、近くに住む叔父が亡くなり、遺言の中に叔父が所有していた農地を私に遺贈するとありました。

　いわゆる特定遺贈ですが、叔父には法定相続人となる息子が一人います。

　私の従兄弟に当たるその者は、私が農地の遺贈を受けることについては反対しておらず、私自身は当然に叔父の法定相続人ではありません。

　農地の遺贈を受けるに当たり、農地法上の手続が必要と言われましたが、どのように手続を進めればよいのでしょうか。

◆チェック

□　受遺者は農地法3条の許可要件を満たすことができるか

□　特定遺贈における農地法3条の許可申請は、原則、公正証書遺言等の写しの添付が必要であるが、その遺言書は遺言執行者を指名しているか

解　説

1　受遺者は農地法3条の許可要件を満たすことができるか

POINT

　法定相続人以外の者が農地の特定遺贈を受けるためには、農地法3条の許可を受け、その所有権を取得する必要があります。

　法定相続人以外の者が農地の特定遺贈を受けるためには、農地法3条の許可を得ることが必要となります（農地則15五）。

　したがって、受遺者が農地法3条の許可要件を満たすことができない場合は、その農地について遺贈を受けることはできないと解せます。

　本ケースでは、受遺者が農業を営んでいるとのことですので、許可要件を満たすことが可能であると見込まれますが、農地法3条の許可要件はCase 2にあるように、主に、①全部効率利用要件、②農作業常時従事要件、③下限面積要件、④地域との調和要件等があり、全ての要件を満たす必要があります。

2　特定遺贈における農地法3条の許可申請は、原則、公正証書遺言等の写しの添付が必要であるが、その遺言書は遺言執行者を指名しているか

POINT

　特定遺贈における農地法3条の許可申請には、遺言書（公正証書遺言等）の写しを添付する必要があり、遺言執行者が指名されているときは、原則、遺言執行者が申請人となります。

　特定遺贈の場合は、受遺者が農地法3条の許可申請をする際に、農業委員会が特定遺贈であることを確認するため、原則、公正証書遺言等の写しの添付が必要となります（農地則10②十）。

　また、公正証書遺言等に遺言執行者が指名されているときは、譲渡人は遺言執行者になると解せます。

　遺言執行者が指名されていないときは、譲渡人は空欄として申請をします（農地則10①一）。

第1章 農地の権利取得と移転　　23

【参考書式】
○農地法第3条の規定による許可申請書（遺言執行者が指名されている場合）（抜粋）

様式例第1号の1

農地法第3条の規定による許可申請書

〇〇〇〇年〇〇月〇〇日

〇〇市農業委員会会長　殿

当事者
　＜譲渡人＞　　　　　　　　　　　　　　　　　　＜譲受人＞
　　住所 〇〇県〇〇市〇〇町〇番〇号　　　　　　　住所　〇〇県〇〇市〇〇町〇番〇号
　　氏名 〇〇〇〇遺言執行者〇〇〇〇 印　　　　　　氏名　〇〇〇〇　　　　　　　　　　印

下記農地(採草放牧地)について ｛ 所有権 / 賃借権 / 使用貸借による権利 / その他使用収益権 （　　） ｝ を ｛ 設定(期間〇〇年間) / 移転 ｝

したいので、農地法第3条第1項に規定する許可を申請します。（該当する内容に〇を付けてください。）

記

1　当事者の氏名等

当事者	氏名	年齢	職業	住所
譲渡人	〇〇〇〇遺言執行者〇〇〇〇	〇〇	弁護士	〇〇県〇〇市〇〇町〇ー〇
譲受人	〇〇〇〇	〇〇	農業	〇〇県〇〇市〇〇町〇ー〇

2　許可を受けようとする土地の所在等 （土地の登記事項証明書を添付してください。）

所在・地番	地目		面積(㎡)	対価、賃料等の額(円) ［10a当たりの額］	所有者の氏名又は名称 ［現所有者の氏名又は名称（登記簿と異なる場合）］	所有権以外の使用収益権が設定されている場合	
	登記簿	現況				権利の種類、内容	権利者の氏名又は名称
〇〇市〇〇町〇〇番地	畑	畑	〇〇〇〇	〇〇〇〇　〇〇〇〇/10a			

3　権利を設定し、又は移転しようとする契約の内容

特定遺贈により、受遺者である譲受人が農地の所有権を取得する。別添、遺言書のとおり。

（平21・12・11　21経営4608・21農振1599　別紙1　様式例第1号の1）

24　　　第1章　農地の権利取得と移転

Case6　農地に区分地上権を設定したい

　農業を営んでいます。私の所有する農地の地下に高速道路を開通する具体的な計画があり、その担当者から、私の農地に区分地上権を設定したいとの依頼がありました。

　農地の形状はそのままで耕作は継続できるとのことですが、区分地上権を設定するに当たり、農地法の手続が必要だと言われました。

　どのような手続をすればよいのでしょうか。

◆チェック

□　農地に区分地上権を設定するためには農地法の手続が必要
□　区分地上権を設定するための農地法3条の許可要件とは

解　説

1　農地に区分地上権を設定するためには農地法の手続が必要

POINT

　農地の登記簿に区分地上権を設定するためには、農地法3条の許可が必要となります。

　農地法3条1項本文に「農地又は採草放牧地について所有権を移転し、又は地上権、永小作権、質権、使用貸借による権利、賃借権若しくはその他の使用及び収益を目的とする権利を設定し、若しくは移転する場合には、政令で定めるところにより、当事者が農業委員会の許可を受けなければならない」と規定されており、区分地上権の設定には、農地法3条の許可が必要となります。

2　区分地上権を設定するための農地法3条の許可要件とは

POINT

　区分地上権の設定を目的とした農地法3条の許可については、許可要件が適用除外となります。

第 1 章　農地の権利取得と移転　　　25

　区分地上権の設定に当たっては、農地法3条2項本文に「前項の許可は、次の各号の
いずれかに該当する場合には、することができない。ただし、民法第269条の2第1項の
地上権又はこれと内容を同じくするその他の権利が設定され、又は移転されるとき、
〔中略〕この限りでない」と規定されており、区分地上権の設定を目的とした農地法
3条の許可については、許可要件（Case 2参照）を満たす必要はありません。

【参考書式】
○農地法第3条の規定による許可申請書（抜粋）

様式例第1号の1

農地法第3条の規定による許可申請書

〇〇〇〇年〇〇月〇〇日

〇〇市農業委員会会長　殿

当事者
<譲渡人>　　　　　　　　　　　　　　　　　<譲受人>
　住所　〇〇県〇〇市〇〇町〇－〇　　　　　住所　〇〇県〇〇市〇〇町〇－〇
　氏名　〇〇〇〇　　　　　　　　印　　　　　氏名　〇〇株式会社　代表取締役〇〇〇〇　　　印

下記農地(採草放牧地)について
| 所有権 |
| 賃借権 |
| 使用貸借による権利 |
| その他使用収益権 (区分地上権) |
を { 設定(期間〇〇年間) / 移転 }

したいので、農地法第3条第1項に規定する許可を申請します。(該当する内容に〇を付けてください。)

記

1　当事者の氏名等

当事者	氏名	年齢	職業	住所
譲渡人	〇〇〇〇	〇〇	農業	〇〇県〇〇市〇〇町〇－〇
譲受人	〇〇株式会社 代表取締役〇〇〇〇			〇〇県〇〇市〇〇町〇－〇

2　許可を受けようとする土地の所在等　(土地の登記事項証明書を添付してください。)

所在・地番	地目		面積(㎡)	対価、賃料等の額(円) [10a当たりの額]	所有者の氏名又は名称 現所有者の氏名又は名称(登記簿と異なる場合)	所有権以外の使用収益権が設定されている場合	
	登記簿	現況				権利の種類、内容	権利者の氏名又は名称
〇〇市〇〇町 〇〇番地	畑	畑	〇〇〇〇	〇〇〇〇 [〇〇〇〇/10a]			

3　権利を設定し、又は移転しようとする契約の内容

高速道路の延伸のため、申請農地に区分地上権を設定する。

第1章　農地の権利取得と移転　　27

| Ⅲ　特殊事由により申請する場合の記載事項 |

10　以下のいずれかに該当する場合は、該当するものに印を付し、Ⅰの記載事項のうち指定の事項を記載するとともに、それぞれの事業・計画の内容を「事業・計画の内容」欄に記載してください。

(1)　以下の場合は、Ⅰの記載事項全ての記載が不要です。
　　☑　その取得しようとする権利が地上権(民法(明治29年法律第89号)第269条の2第1項の地上権)又はこれと内容を同じくするその他の権利である場合
　　　　(事業・計画の内容に加えて、周辺の土地、作物、家畜等の被害の防除施設の概要と関係権利者との調整の状況を「事業・計画の内容」欄に記載してください。)

　　□　農業協同組合法(昭和22年法律第132号)第10条第2項に規定する事業を行う農業協同組合若しくは農業協同組合連合会が、同項の委託を受けることにより農地又は採草放牧地の権利を取得しようとする場合、又は、農業協同組合若しくは農業協同組合連合会が、同法第11条の31第1項第1号に掲げる場合において使用貸借による権利若しくは賃借権を取得しようとする場合

　　□　権利を取得しようとする者が景観整備機構である場合
　　　　(景観法(平成16年法律第110号)第56条第2項の規定により市町村長の指定を受けたことを証する書面を添付してください。)

(2)　以下の場合は、Ⅰの1-2(効率要件)、2(農地所有適格法人要件)、5(下限面積要件)以外の記載事項を記載してください。
　　□　権利を取得しようとする者が法人であって、その権利を取得しようとする農地又は採草放牧地における耕作又は養畜の事業がその法人の主たる業務の運営に欠くことのできない試験研究又は農事指導のために行われると認められる場合

　　□　地方公共団体(都道府県を除く。)がその権利を取得しようとする農地又は採草放牧地を公用又は公共用に供すると認められる場合

　　□　教育、医療又は社会福祉事業を行うことを目的として設立された学校法人、医療法人、社会福祉法人その他の営利を目的としない法人が、その権利を取得しようとする農地又は採草放牧地を当該目的に係る業務の運営に必要な施設の用に供すると認められる場合

　　□　独立行政法人農林水産消費安全技術センター、独立行政法人種苗管理センター又は独立行政法人家畜改良センターがその権利を取得しようとする農地又は採草放牧地をその業務の運営に必要な施設の用に供すると認められる場合

28　　第1章　農地の権利取得と移転

(3) 以下の場合は、Ⅰの2（農地所有適格法人要件）、5（下限面積要件）以外の記載事項を記載してください。

☐　農業協同組合、農業協同組合連合会又は農事組合法人（農業の経営の事業を行うものを除く。）がその権利を取得しようとする農地又は採草放牧地を稚蚕共同飼育の用に供する桑園その他これらの法人の直接又は間接の構成員の行う農業に必要な施設の用に供すると認められる場合

☐　森林組合、生産森林組合又は森林組合連合会がその権利を取得しようとする農地又は採草放牧地をその行う森林の経営又はこれらの法人の直接若しくは間接の構成員の行う森林の経営に必要な樹苗の採取又は育成の用に供すると認められる場合

☐　乳牛又は肉用牛の飼養の合理化を図るため、その飼養の事業を行う者に対してその飼養の対象となる乳牛若しくは肉用牛を育成して供給し、又はその飼養の事業を行う者の委託を受けてその飼養の対象となる乳牛若しくは肉用牛を育成する事業を行う一般社団法人又は一般財団法人が、その権利を取得しようとする農地又は採草放牧地を当該事業の運営に必要な施設の用に供すると認められる場合

（留意事項）

　　上述の一般社団法人又は一般財団法人は、以下のいずれかに該当するものに限ります。該当していることを証する書面を添付してください。

・　その行う事業が上述の事業及びこれに附帯する事業に限られている一般社団法人で、農業協同組合、農業協同組合連合会、地方公共団体その他農林水産大臣が指定した者の有する議決権の数の合計が議決権の総数の4分の3以上を占めるもの

・　地方公共団体の有する議決権の数が議決権の総数の過半を占める一般社団法人又は地方公共団体の拠出した基本財産の額が基本財産の総額の過半を占める一般財団法人

☐　東日本高速道路株式会社、中日本高速道路株式会社又は西日本高速道路株式会社がその権利を取得しようとする農地又は採草放牧地をその事業に必要な樹苗の育成の用に供すると認められる場合

（事業・計画の内容）

　高速道路の延伸計画は別添資料のとおり。

（平21・12・11　21経営4608・21農振1599　別紙1　様式例第1号の1）

第1章　農地の権利取得と移転　　29

Case7　農地に地役権を設定したい

耕作している所有農地は袋地で、隣接している農地を通過しないと入ることができません。隣接する農地の所有者との関係は良好で、作物等に気をつけながらも今は自由に農業機械などでも通過させてもらっています。ただし、私自身高齢で、今後の後継者のため隣接する農地の一部を農道として売却してくれないかと隣接者に話したところ、農地全体に地役権を設定してはどうかとの提案がありました。

この場合、農地法の手続などは必要となりますか。

◆チェック

□　地役権の設定に農地法3条の許可は必要か
□　地役権を設定するための農地法3条の許可要件とは

解　説

1　地役権の設定に農地法3条の許可は必要か

POINT

農地に地役権を設定するときは、その目的により農地法3条の許可が必要か不必要であるかが判断されます。

農地に地役権を設定する際の農地法3条の許可の有無については、例えば、本ケースのように農地の全部を通行する目的の権利設定は必要であると通知で定められています（登記研究492・119）。

また、農地の地下に工作物を設置する等の場合も必要であるとされます（昭44・6・17民事甲1214）が、一方、農地の上空に高圧電線を通すために電力会社が地役権を農地に設定するときは農地法3条の許可は不要とされています（昭31・8・4民事甲1772）。

2 地役権を設定するための農地法3条の許可要件とは

> **POINT**
>
> 地役権を設定するための農地法3条の許可については、許可要件が適用除外とされています。

　地役権の設定に当たっては、農地法3条2項本文に「前項の許可は、次の各号のいずれかに該当する場合には、することができない。ただし、民法第269条の2第1項の地上権又はこれと内容を同じくするその他の権利が設定され、又は移転されるとき、〔中略〕この限りでない。」と規定されていることから、Case 6の区分地上権と同様に地役権の設定を目的とした農地法3条の許可については、許可要件（Case 2参照）を満たすことを必要とされていません。

第 1 章　農地の権利取得と移転　　31

【参考書式】
○農地法第3条の規定による許可申請書（抜粋）

様式例第 1 号の 1

農地法第 3 条の規定による許可申請書

○○○○年○○月○○日

○○市農業委員会会長　　殿

当事者
　＜譲渡人＞　　　　　　　　　　　　　　　＜譲受人＞
　　住所　○○県○○市○○町○－○　　　　住所　○○県○○市○○町○－○
　　氏名　○○○○　　　　　　　　　印　　氏名　○○○○　　　　　　　　　印

下記農地(採草放牧地)について 〔 所有権 ／ 賃借権 ／ 使用貸借による権利 ／ その他使用収益権（地役権） 〕 を 〔 設定（期間○○年間） ／ 移転 〕

したいので、農地法第 3 条第 1 項に規定する許可を申請します。(該当する内容に○を付けてください。)

記

1　当事者の氏名等

当事者	氏名	年齢	職業	住所
譲渡人	○○○○	○○	農業	○○県○○市○○町○－○
譲受人	○○○○	○○	農業	○○県○○市○○町○－○

2　許可を受けようとする土地の所在等 (土地の登記事項証明書を添付してください。)

所在・地番	地目		面積(㎡)	対価、賃料等の額(円) [10a当たりの額]	所有者の氏名又は名称 現所有者の氏名又は名称（登記簿と異なる場合）	所有権以外の使用収益権が設定されている場合	
	登記簿	現況				権利の種類、内容	権利者の氏名又は名称
○○県○○市○○町○○番地	畑	畑	○○○○	○○○○ [○○○○／10a]			

3　権利を設定し、又は移転しようとする契約の内容

申請農地に通行を目的とした地役権を無償により設定する。

第1章 農地の権利取得と移転

Ⅲ 特殊事由により申請する場合の記載事項

10 以下のいずれかに該当する場合は、該当するものに印を付し、Ⅰの記載事項のうち指定の事項を記載するとともに、それぞれの事業・計画の内容を「事業・計画の内容」欄に記載してください。

(1) 以下の場合は、Ⅰの記載事項全ての記載が不要です。

☑ その取得しようとする権利が地上権（民法（明治29年法律第89号）第269条の2第1項の地上権）又はこれと内容を同じくするその他の権利である場合

（事業・計画の内容に加えて、周辺の土地、作物、家畜等の被害の防除施設の概要と関係権利者との調整の状況を「事業・計画の内容」欄に記載してください。）

☐ 農業協同組合法（昭和22年法律第132号）第10条第2項に規定する事業を行う農業協同組合若しくは農業協同組合連合会が、同項の委託を受けることにより農地又は採草放牧地の権利を取得しようとする場合、又は、農業協同組合若しくは農業協同組合連合会が、同法第11条の31第1項第1号に掲げる場合において使用貸借による権利若しくは賃借権を取得しようとする場合

☐ 権利を取得しようとする者が景観整備機構である場合

（景観法（平成16年法律第110号）第56条第2項の規定により市町村長の指定を受けたことを証する書面を添付してください。）

(2) 以下の場合は、Ⅰの1-2（効率要件）、2（農地所有適格法人要件）、5（下限面積要件）以外の記載事項を記載してください。

☐ 権利を取得しようとする者が法人であって、その権利を取得しようとする農地又は採草放牧地における耕作又は養畜の事業がその法人の主たる業務の運営に欠くことのできない試験研究又は農事指導のために行われると認められる場合

☐ 地方公共団体（都道府県を除く。）がその権利を取得しようとする農地又は採草放牧地を公用又は公共用に供すると認められる場合

☐ 教育、医療又は社会福祉事業を行うことを目的として設立された学校法人、医療法人、社会福祉法人その他の営利を目的としない法人が、その権利を取得しようとする農地又は採草放牧地を当該目的に係る業務の運営に必要な施設の用に供すると認められる場合

☐ 独立行政法人農林水産消費安全技術センター、独立行政法人種苗管理センター又は独立行政法人家畜改良センターがその権利を取得しようとする農地又は採草放牧地をその業務の運営に必要な施設の用に供すると認められる場合

第1章　農地の権利取得と移転　　33

(3) 以下の場合は、Ⅰの2（農地所有適格法人要件）、5（下限面積要件）以外の記載事項を記載してください。

□　農業協同組合、農業協同組合連合会又は農事組合法人（農業の経営の事業を行うものを除く。）がその権利を取得しようとする農地又は採草放牧地を稚蚕共同飼育の用に供する桑園その他これらの法人の直接又は間接の構成員の行う農業に必要な施設の用に供すると認められる場合

□　森林組合、生産森林組合又は森林組合連合会がその権利を取得しようとする農地又は採草放牧地をその行う森林の経営又はこれらの法人の直接若しくは間接の構成員の行う森林の経営に必要な樹苗の採取又は育成の用に供すると認められる場合

□　乳牛又は肉用牛の飼養の合理化を図るため、その飼養の事業を行う者に対してその飼養の対象となる乳牛若しくは肉用牛を育成して供給し、又はその飼養の事業を行う者の委託を受けてその飼養の対象となる乳牛若しくは肉用牛を育成する事業を行う一般社団法人又は一般財団法人が、その権利を取得しようとする農地又は採草放牧地を当該事業の運営に必要な施設の用に供すると認められる場合

（留意事項）

　　上述の一般社団法人又は一般財団法人は、以下のいずれかに該当するものに限ります。該当していることを証する書面を添付してください。

・　その行う事業が上述の事業及びこれに附帯する事業に限られている一般社団法人で、農業協同組合、農業協同組合連合会、地方公共団体その他農林水産大臣が指定した者の有する議決権の数の合計が議決権の総数の4分の3以上を占めるもの

・　地方公共団体の有する議決権の数が議決権の総数の過半を占める一般社団法人又は地方公共団体の拠出した基本財産の額が基本財産の総額の過半を占める一般財団法人

□　東日本高速道路株式会社、中日本高速道路株式会社又は西日本高速道路株式会社がその権利を取得しようとする農地又は採草放牧地をその事業に必要な樹苗の育成の用に供すると認められる場合

（事業・計画の内容）

　隣接農地の耕作者が申請農地を通行するための地役権を設定する。

（平21・12・11　21経営4608・21農振1599　別紙1　様式例第1号の1）

34 第1章 農地の権利取得と移転

Case 8　競売に入札をし農地の所有権を取得し耕作地を増やしたい

　自分が所有をし耕作をしている農地に隣接する一団の農地が競売に公告されていると聞きました。その畑は農業振興地域にあり、自分が所有権を取得し、耕作地を増やしたいと思っています。この競売に入札できるのは、農業者だけと聞きましたが、農業委員会で何か手続が必要でしょうか。

◆チェック

□　競売に入札する前に農業委員会による買受適格者証明を受けているか
□　農地法3条の許可要件は満たしているか
□　農地を落札した後の農地法上の手続とは

解　説

1　競売に入札する前に農業委員会による買受適格者証明を受けているか

> **POINT**
>
> 　農地の競売に入札するためには、農業委員会が発行する買受適格者証明書が必要です。買受適格者証明の申請には、原則農地法3条の許可申請書の一部等を添付します。

　農地の競売に入札する者は、その農地の取得に当たって、農地法上の要件を満たす者であることが必要とされ、事前に農業委員会より買受適格者証明書を得て、競売に入札することになります（平28・3・30　27経営3195・27農振2146）。

　買受適格者証明書の様式は、特に定められたものはなく、各農業委員会が定めた様式になります。ただし、本ケースのように農地として取得することを目的に買受適格者証明書を申請する場合は、申請者が農地法3条の要件（Case 2参照）を備えている者であるかどうかが審査されますので、通常、農地法3条の許可申請書の一部を申請書に添付することになります。

2 農地法3条の許可要件は満たしているか

> **POINT**
>
> 農地として利用することを目的に入札する者は農地法3条の許可要件を満たすことが必要です。

　農地として取得することを目的に競売に入札する者は、仮に、農地法3条の許可申請をしたときにも許可を得られる者であることが必要です。

　そのため、農地法3条の許可要件（Case 2参照）を満たせない者は、買受適格者証明書の発行がされないことになります。

　このことが、農業者しか農地の競売に入札できないといわれるゆえんかと思われます。

3 農地を落札した後の農地法上の手続とは

> **POINT**
>
> 農地を落札した後は、再度、農業委員会に農地法3条の申請をし許可を受ける必要があります。

　農地の競売に当たって、農業委員会は、複数の者に買受適格者証明書を発行することがあります。そのため、落札した者は、落札後、農業委員会に農地法3条の許可申請をし、許可書を得て（事前に買受適格者証明書を発行していることから原則許可となります。）、所有権移転の登記をすることになります。

【参考書式】

○農地の買受適格者証明願

農地の買受適格者証明願

○○○○年○○月○○日

○○市農業委員会長　様

願出人　○○○○　　　印
住所　　○○県○○市○○町○－○

次の農地の競売に参加したいので農地の買受適格者であることを証明願います。

競売裁判所名	○○○○○裁判所
事 件 番 号	○○○○○○○○
競 売 期 日	○○○○年○○月○○日

願出人

氏　　名	年齢	職業	住　　　所
○○○○	○○	農業	○○県○○市○○町○－○

買い受けしようとする土地の表示、状況等

土地の所在地	地目	現況	面　積	利用状況
○○県○○市○○町○○番地	畑	畑	○○○○㎡	大豆を作付けしていた

農地の所有者

氏　　名	住　　　所
○○○○	○○県○○市○○町○－○

農地の耕作者

氏　　名	住　　　所
○○○○	○○県○○市○○町○－○

農地法３条の規定による許可をする場合の内容は、別添許可申請書様式に記載のとおり。

願出人は、上記競売農地の買受適格者であることを証明する

○○○○年○○月○○日

○○市農業委員会長　　　○○○○

※添付書類として、農地法第3条の規定による許可申請書2頁以降を添付します。

第1章　農地の権利取得と移転　　37

Case 9　農地を信託したい

相続のアドバイザーから、信託の仕組みを活用して農地の所有権を移転し、農地管理業務を任せてはどうかと提案を受けました。

農地を信託する上で留意する事項はありますか。

◆チェック

□　農業協同組合が信託契約の当事者となっているか
□　農地法3条許可要件を充足するか

解　説

1　農業協同組合が信託契約の当事者となっているか

POINT

農地の信託は、原則として禁止されています。制度的には、農地信託事業が認められていますが、受託者は農業協同組合に限定されています。

農業委員会は、信託の引受けにより、所有権、地上権、永小作権、質権、使用貸借による権利、賃借権若しくはその他の使用及び収益を目的とする権利が取得される場合、原則として農地法3条許可をすることはできません（農地3②三）。

例外的に、組合員から委託を受けて行う農業経営事業を行う農業協同組合は、農地信託を引き受けることができます（農地3②ただし書、農協10②）。

そのため、農地を信託財産とする信託契約を検討している場合、農業協同組合が受託者となっている必要があります。いわゆる家族信託を紹介する情報の中には、農地を信託財産とする場合に農地法3条許可が必要ということは指摘されているものの、農業協同組合が信託を引き受けなければ許可されないことに言及されていないものもあり、注意が必要です。農地の信託は、基本的に認められないということに留意してください。

なお、農地信託の実施組合は少なく、2016年の実施組合数はわずか2組合、実施面積は392haにすぎません。そのため、農地信託を実施したいと考えても、農地信託の実

績や事例が乏しいことを背景に農業協同組合側が難色を示すケースも生じ得るものと想定されます。

<農地信託の実施状況>

事業年度	実施組合数	実施面積
2011年	6組合	255ha
2012年	6組合	245ha
2013年	4組合	250ha
2014年	4組合	240ha
2015年	3組合	239ha
2016年	2組合	392ha

（農林水産省「総合農協統計表」をもとに作成）

2　農地法3条許可要件を充足するか

POINT

　例外的に信託の引受けにより、許可することができる場合であっても、農地法3条許可が必要になります。

　農地法3条許可についての詳細は、Case 2をご参照ください。

第1章　農地の権利取得と移転　　39

Case10　農地所有者が認知症になってしまったが農地を売買したい（成年後見）

　母が所有権登記を有している農地を購入したいという者が現れましたが、母は認知症になっており自分で契約を締結することができません。

　購入希望者から、母に成年後見人をつけて農地を売ってほしいと言われたので、母に成年後見人をつけて農地を売却する手続を教えてください。

◆チェック

□　自己の財産を管理・処分することができないほどに判断能力が低下しているか
□　農地を売却する必要性は認められるか
□　成年後見人になる候補者はいるか
□　地域の家庭裁判所で求められている書式等を把握しているか

解　説

1　自己の財産を管理・処分することができないほどに判断能力が低下しているか

POINT

　成年後見制度は、精神上の障害により事理弁識能力を欠く者に家庭裁判所が成年後見人を付して、成年後見人が成年被後見人の生活を支援する制度であり、成年被後見人となる者は自己の財産を管理・処分することができないほどに判断能力が低下している必要があります。

　農地の売買契約を締結するには、売主である地主が農地を売却することの意味を理解し、結果を判断した上で買主と売買契約を締結する必要があります。地主が認知症を患っている場合、農地を売却するという自己の行為の意味を判断することができないことから売買契約を締結することができない状況にあります。このような場合に、家庭裁判所が成年後見人を選任して、認知症を患っており自己の財産を管理・処分す

ることができない者（成年被後見人）の生活を支援する制度を成年後見制度といいます。

　成年後見を開始するためには、成年被後見人となる者が認知症等により判断能力を欠いている必要があります。成年後見開始の申立てに際しては、判断能力の低下について医師の所見を記載した診断書（成年後見用）が必要となります。

　そのため、単に高齢であるとか、気難しい性格で買主と話をすることができないというだけでは、成年後見人をつけて成年後見人が農地の売買交渉を行うことはできないので留意が必要です。

2　農地を売却する必要性は認められるか

POINT

　成年後見人が成年被後見人の不動産を処分するためには、不動産の処分に必要性・相当性が認められることが必要です。

　成年後見人には財産管理に関し包括的な代理権が付与されています。そのため、成年後見人は、成年被後見人の法定代理人として成年被後見人が所有している農地を売却することも可能です。

　成年後見人が包括的な代理権を有しているといっても成年被後見人の財産を自由に処分することが認められるわけではなく、居住用不動産を処分するには、家庭裁判所の許可が必要です（民859の3）。

　本ケースのように農地の処分が問題となる場合には、通常は居住用不動産でないことから家庭裁判所の許可は不要と考えられます。したがって、成年後見人の判断で農地の処分をすることが可能です。

　成年後見人の判断で農地の処分をすることが可能といっても、農地の処分に必要性や相当性が認められる必要があります。

　親族にとって農地の売却が有利な話であるというだけでは、成年後見人は当該農地を処分することができません。当該農地に係る固定資産税負担や維持管理に係る費用が著しく重いといった処分の必要性が認められなければなりません。そして、農地の処分の必要性が認められるか否か、農地を売却するか否かは成年後見開始の申立てをする親族等ではなく、成年後見人が行う点に留意が必要です。

　なお、後見監督人が選任されている場合、不動産の処分について後見監督人の同意を得る必要があります（民864）。

第1章　農地の権利取得と移転　　41

3　成年後見人になる候補者はいるか

POINT

　成年後見開始の申立書に成年後見人の候補者を記入します。成年後見人の候補者がいない場合や、候補者とした者が家庭裁判所で適任と認められない場合には、弁護士、司法書士、社会福祉士といった専門職が成年後見人に就任することがあります。

　成年後見開始の申立てをし、家庭裁判所の調査等が終了すると、家庭裁判所は、成年後見開始の審判をし、成年後見人を選任します（民843）。

　成年後見人には、以下の欠格事由に該当する者を除き成年被後見人の親族も就任することが可能です（民847）。

① 　未成年者

② 　家庭裁判所で解任された法定代理人、保佐人又は補助人

③ 　破産者

④ 　被後見人に対して訴訟をし、又はした者並びにその配偶者及び直系血族

⑤ 　行方不明者

　親族を成年後見人候補者としたい場合には、成年後見開始の申立書に候補者名を記入します。成年後見人候補者である親族と成年被後見人の推定相続人となる候補者以外の者との間で利益が対立し紛争化するリスクが潜在していることから、候補者が成年後見人となることについて、成年被後見人の推定相続人となる者全員から、候補者が成年後見人となることについての同意書をあらかじめ取得し、成年後見開始の申立書と併せて提出します。

　親族を成年後見人候補者とできない場合や、家庭裁判所が申立時の候補者を適任者と認めることができない場合には、弁護士、司法書士、社会福祉士といった専門職が成年後見人に就任することがあります。そのため、自ら候補者を用意できない場合であっても、問題なく成年後見制度を活用することができます。

4　地域の家庭裁判所で求められている書式等を把握しているか

POINT

　成年後見制度における診断書や申立て関連書類の書式はおおむね共通しているものの、家庭裁判所ごとに項目を付加する等変更した書式を使用していることがあります。地域の弁護士や司法書士へ成年後見開始の申立てについて相談することが重要です。

成年後見開始の申立てをする場合には、以下の書類を作成します。

① 　成年後見開始申立書

② 　申立事情説明書

③ 　親族関係図

④ 　財産目録

⑤ 　収支状況報告書

⑥ 　後見人等候補者事情説明書

⑦ 　同意書

⑧ 　診断書

　これらの書式は、裁判所が用意していますが、各地域の裁判所ごとに項目に変更がありますので各地域の手続に詳しい専門職へ相談することをお勧めします。

　上記の書類の他に、各個別の事情に応じて必要な書類を追加作成します。

　また、愛の手帳等が交付されていれば手帳のコピーや、本人の戸籍全部事項証明書（戸籍謄本）や住民票、登記されていないことの証明書、財産関係に関する資料（預貯金通帳、保険証券・株式・投資信託等の資料、不動産の全部事項証明書、負債関係の資料）のコピー、収入・支出に関する資料のコピーを準備して申立書と併せて提出します。

第 2 章

法　人

44

第2章　法　人　　　45

Case11　農地所有適格法人を設立し、農地の所有権を取得したい

　農家の仲間同士で法人を設立して、自分や仲間が所有する一部の農地をその法人に所有権移転し、法人による農業経営を展開したいと考えています。農地の所有権を取得できる法人は農地所有適格法人だけだと聞いたのですが、どのような法人を設立し、どのように農地の所有権移転の手続を進めたらよいでしょうか。

◆チェック

□　法人として農地を所有するのか
□　設立する法人は、農地法に規定する農地所有適格法人の要件を満たしているか
□　設立する法人は、農地の所有権取得の要件を満たしているか

解　説

1　法人として農地を所有するのか

POINT

　農地の所有権を取得できる法人は原則農地所有適格法人のみですが、法人による農地の権利取得が賃借のみということであれば、設立する法人は農地所有適格法人である必要はありません（農地所有適格法人の要件を満たす必要はありません。）。

　農地所有適格法人以外の法人の要件等の詳細については、Case12をご参照ください。

2　設立する法人は、農地法に規定する農地所有適格法人の要件を満たしているか

POINT

　農地所有適格法人の設立は、通常の法人設立と同様の手続ですが、その設立す

る法人は、農地法2条3項に規定する農地所有適格法人の要件を満たすことが必要
です。

　農地所有適格法人を設立するためには、法人登記の際に、下記の要件を満たすこと
が必要となります。法人設立登記をする前に確認をすることが重要です。
　(1)　法人形態の要件（農地2③）
　法人形態が次のいずれかであること。
①　株式会社（株式譲渡制限会社に限ります。）
②　合名会社
③　合資会社
④　合同会社
⑤　農事組合法人（農業協同組合法に規定）
　(2)　事業要件（※計画時及び事業開始後）（農地2③一）
　主たる事業が農業と関連事業（法人の農業と関連する農産物の加工販売等）である
こと（農業と関連事業で売上げの過半を占めること）。
　(3)　構成員要件（農地2③二）
　株式会社であれば、下記の株主の有する議決権の合計が総株主の過半を占めなくて
はならないこと。
①　その法人に農地の所有権若しくは使用収益権を移転した個人等
②　その法人に農地の使用収益権に基づく使用及び収益をさせている個人
③　その法人に使用及び収益をさせるため農地について所有権の移転又は使用収益権
　の設定若しくは移転に関し許可を申請している個人
④　その法人に農地を農地利用集積円滑化団体若しくは農地中間管理機構を通じ使用
　収益権等を設定した個人
⑤　常時従事者
⑥　農作業委託者
⑦　農地を現物出資した農地中間管理機構
⑧　地方公共団体、農業協同組合、農業協同組合連合会
　(4)　常時従事役員等の要件（※計画時及び事業開始後）（農地2③三・四）
　常時従事役員等は次のいずれの要件も満たすこと。
①　理事（株式会社にあっては取締役、合名会社、合資会社、合同会社にあっては社
　員）の過半がその法人に常時従事（年150日以上）すること（農地則9一）
②　①に該当する理事若しくは重要な使用人（農場長等）のうち、1人以上が年間60日
　以上の農作業に従事すること（農地則7・8）

3 設立する法人は、農地の所有権取得の要件を満たしているか

POINT

農地所有適格法人がその要件を満たしているかどうかについては一定の機関より認可を受けるというものではなく、例えば、その法人が農地の権利取得のために農業委員会に農地法3条の許可申請をし、①農地所有適格法人の要件を備えているか、②農地法3条の要件を満たしているかの審査により、許可の可否が判断されるものです。

法人設立登記をした後に、その法人が農地の権利を取得するためには、市町村（農業委員会を含みます。）にて手続を進めることになります。

その手続としては、⑦農地法3条の許可を得る（Case2参照）、④農業経営基盤強化促進法の農用地利用集積計画による利用権の設定を受ける（Case43参照）、⑦農地中間管理事業法による権利設定、⑧都市農地貸借円滑化法による貸借（Case31参照）のいずれかを行うことになります。

ただし、農地の所在地により手続が可能な区域が定められており、⑦を除き、④は市街化区域以外、⑦は農業振興地域のみ（令和元年5月24日法律12号の改正の施行後（公布の日から起算して1年3か月を超えない範囲内において政令で定める日から施行）は市街化区域以外が対象（改正農地中間2③））、⑧は生産緑地（貸借に限定）のみに限られています。

農地の所有権を取得したいということであれば、⑦の農地法3条の許可を得ることが迅速であり一般的な手続だといえます。

農地法3条の許可申請の手続は、当該農地のある市町村の農業委員会にて行うことになりますが、農地の所有権取得を目的とした農地法3条の許可を得るためには、その法人が、①農地所有適格法人の要件と②農地法3条の許可要件を満たす必要があります。

許可を得た後は、その法人は、登記所にて所有権取得の手続を行うことになります。

また、原則、農地の所有権を取得できる法人は、農地所有適格法人に限られていることから、法人が所有権を取得した後には、その要件を満たしているか等の確認のため、毎事業年度終了後3か月以内に農業委員会に報告をする義務があります（農地6①、農地則58①）。

48 第2章 法 人

【参考書式】
○農地所有適格法人としての事業等の状況

農地所有適格法人としての事業等の状況（別紙）

＜農地法第2条第3項第1号関係＞

1-1 事業の種類

区分	農業		左記農業に該当しない事業の内容
	生産する農畜産物	関連事業等の内容	
現在（実績又は見込み）	ニンニク	ニンニク加工	なし
権利取得後（予定）	ニンニク	ニンニク加工	なし

1-2 売上高

年度	農業	左記農業に該当しない事業
3年前（実績）		
2年前（実績）		
1年前（実績）		
申請日の属する年（実績又は見込み）	1,100万円	0円
2年目（見込み）	2,500万円	0円
3年目（見込み）	4,800万円	0円

第2章 法 人 49

＜農地法第2条第3項第2号関係＞

2 構成員全ての状況

(1) 農業関係者(権利提供者、常時従事者、農作業委託者、農地中間管理機構、地方公共団体、農業協同組合、投資円滑化法に基づく承認会社等)

氏名又は名称	議決権の数	構成員が個人の場合は以下のいずれかの状況				農作業委託の内容
		農地等の提供面積(㎡)		農業への年間従事日数		
		権利の種類	面積	直近実績	見込み	
○○○○	40	所有権	10,000㎡		300日	
○○○○	30				200日	
○○○○	30				200日	

議決権の数の合計	100
農業関係者の議決権の割合	100

その法人の行う農業に必要な年間総労働日数：700日

(2) 農業関係者以外の者（(1)以外の者）

氏名又は名称	議決権の数

議決権の数の合計	
農業関係者以外の者の議決権の割合	

（留意事項）

構成員であることを証する書面として、組合員名簿又は株主名簿の写しを添付してください。

なお、農業法人に対する投資の円滑化に関する特別措置法（平成14年法律第52号）第5条に規定する承認会社を構成員とする農地所有適格法人である場合には、「その構成員が承認会社であることを証する書面」及び「その構成員の株主名簿の写し」を添付してください。

＜農地法第2条第3項第3号及び第4号関係＞
3　理事、取締役又は業務を執行する社員全ての農業への従事状況

氏名	住所	役職	農業への年間従事日数		必要な農作業への年間従事日数	
			直近実績	見込み	直近実績	見込み
○○○○	○○県○○市○○町○－○	代表取締役		300日		300日
○○○○	○○県○○市○○町○－○	取締役		200日		200日
○○○○	○○県○○市○○町○－○	取締役		200日		200日

4　重要な使用人の農業への従事状況

氏名	住所	役職	農業への年間従事日数		必要な農作業への年間従事日数	
			直近実績	見込み	直近実績	見込み

（4については、3の理事等のうち、法人の農業に常時従事する者（原則年間150日以上）であって、かつ、必要な農作業に農地法施行規則第8条に規定する日数（原則年間60日）以上従事する者がいない場合にのみ記載してください。）

（平21・12・11　21経営4608・21農振1599　別紙1　様式例第1号の1　別紙）

第2章 法　人　　51

○農地所有適格法人報告書

様式例第5号の1

農地所有適格法人報告書

○○○○年○○月○○日

○○市農業委員会会長　殿

主たる事務所の所在地○○県○○市○○町○－○
名称及び代表者氏名　株式会社○○農場　　　印
代表取締役○○○○

　下記のとおり農地法第6条第1項の規定に基づき報告します。

記

1　法人の概要

法人の名称及び代表者の氏名	株式会社○○農場　代表取締役○○○○	
主たる事務所の所在地	○○県○○市○○町○－○	
経営面積（ha）	田	
	畑	1ha
	採草放牧地	
法人形態	株式会社	

2　農地法第2条第3項第1号関係
　(1)　事業の種類

農　業		左記農業に該当しない事業の内容
生産する農畜産物	関連事業等の内容	
ニンニク	ニンニク加工	

　(2)　売上高

年度	農業	左記農業に該当しない事業
3年前（実績）		
2年前（実績）		
1年前（実績）		
報告日の属する年 （実績又は見込み）	10,564,000円	0円

52 第2章 法人

3 農地法第2条第3項第2号関係
　構成員全ての状況
　(1) 農業関係者(権利提供者、常時従事者、農作業委託者、農地中間管理機構、地方公共団体、
　　農業協同組合、投資円滑化法に基づく承認会社等)

氏名又は名称	議決権の数	構成員が個人の場合は以下のいずれかの状況				
		農地等の提供面積(㎡)		農業への年間従事日数		農作業委託の内容
		権利の種類	面積	直近実績	見込み	
○○○○	40	所有権	10,000	300日		
○○○○	30			200日		
○○○○	30			200日		

議決権の数の合計	100
農業関係者の議決権の割合	100

その法人の行う農業に必要な年間総労働日数：700 日

　(2) 農業関係者以外の者（(1)以外の者）

氏名又は名称	議決権の数

議決権の数の合計	
農業関係者以外の者の議決権の割合	

（留意事項）
　　構成員であることを証する書面として、組合員名簿又は株主名簿の写しを添付してください。
　　なお、農業法人に対する投資の円滑化に関する特別措置法（平成14年法律第52号）第5条に規
定する承認会社を構成員とする農地所有適格法人である場合には、「その構成員が承認会社であ
ることを証する書面」及び「その構成員の株主名簿の写し」を添付してください。

第2章 法 人

4 農地法第2条第3項第3号及び第4号関係
(1) 理事、取締役又は業務を執行する社員全ての農業への従事状況

氏名	住所	役職	農業への年間従事日数		必要な農作業への年間従事日数	
			直近実績	見込み	直近実績	見込み
○○○○	○○県○○市○○町○-○	代表取締役	300日		300日	
○○○○	○○県○○市○○町○-○	取締役	200日		200日	
○○○○	○○県○○市○○町○-○	取締役	200日		200日	

(2) 重要な使用人の農業への従事状況

氏名	住所	役職	農業への年間従事日数		必要な農作業への年間従事日数	
			直近実績	見込み	直近実績	見込み

　((2)については、(1)の理事等のうち、法人の農業に常時従事する者(原則年間150日以上)であって、かつ、必要な農作業に農地法施行規則第8条に規定する日数(原則年間60日)以上従事する者がいない場合にのみ記載してください。)

(平21・12・11　21経営4608・21農振1599　別紙1　様式例第5号の1)

54 第2章 法 人

Case12 農地所有適格法人以外の法人形態で農地を借りたい

食品加工会社を経営していますが、新規事業として、原材料となる農作物の生産事業に取り組むことを構想しています。改めて農地所有適格法人を設立するのではなく、当社で1部門を立ち上げ、農業に参入をし、農地を借り受ける計画です。法人としてどのような要件等を備える必要があり、農地の貸借の手続をどのように進めればよいでしょうか。

◆チェック

□　農地の所有権を法人で取得することはないか
□　農地を借り受けるための法人の要件は満たしているか
□　農地制度上の要件を備えているか
□　農地を借り受けた法人は毎年農業委員会に利用状況を報告する義務がある

解 説

1　農地の所有権を法人で取得することはないか

POINT

農地所有適格法人以外の法人は原則農地の所有権を取得することができません。

農地の所有権を取得できる法人は、例外（Case13など参照）を除くと、農地所有適格法人のみとなります（Case11参照）。農地の所有権を取得する事業計画がある場合は、農地所有適格法人である必要があります。

2　農地を借り受けるための法人の要件は満たしているか

POINT

業務執行役員若しくは権限及び責任を有する者が農業に常時従事することが必要です。

第2章　法　人　　55

　農地所有適格法人以外で農地を借り受けることができる法人は、①一人以上の業務執行役員若しくは耕作等の事業に関する権限及び責任を有する使用人（農場長等）がその法人が行う農業に常時従事（年間150日以上）すること（農地3③三、平12・6・1　12構改B404　別紙1　第3・5(2)）、②農地を適正に利用していないときは貸借を解除する旨の条件が書面により明らかになっていること（農地3③一）、③地域の農業における他の農業者との適切な役割分担の下に継続的かつ安定的に農業経営を行うと認められること（農地3③二）等の要件を満たすことが必要となります。

3　農地制度上の要件を備えているか

> **POINT**
>
> 　農地を貸借する制度は、①農地法をはじめ、農地の所在区分により、②農業経営基盤強化促進法、③農地中間管理事業法、④都市農地貸借円滑化法があり、それぞれの要件を満たすことが必要です。

　農地の貸借に当たっては、農地制度の手続が必要であり、要件を満たすことが必要です。
　(1)　農地法（全地域）
　①全部効率利用要件、②農作業常時従事要件、③下限面積要件、④地域との調和要件等の全てを満たす必要があります（Case2参照）。
　ただし、農地法の貸借は、10年以上の賃貸借又は使用貸借を除くと、解約に知事等の許可や当事者間の同意が必要となるため、現状では、農地法による貸借はあまり行われていません。
　(2)　農業経営基盤強化促進法（市街化区域以外）
　農業経営基盤強化促進法に規定する利用権設定等促進事業（農経基盤4④一）は、農業経営基盤強化促進基本構想（農経基盤6）に基づき、市町村が、農地の担い手に農地を集積する農用地利用集積計画案を作成し（農経基盤18）、公告することによって計画が決定され（農経基盤19）、農地の利用権（賃貸借・使用貸借等）が設定される事業です（農経基盤20）。
　農地の利用権設定を受けるためには、①農用地利用集積計画の内容が基本構想に該当すること（農経基盤18③一）、②全部効率利用要件（農経基盤18③二イ）、③農作業常時従事要件（農経基盤18③二ロ）等の要件を満たすことが必要です。
　(3)　農地中間管理事業法（農業振興地域（※））
　農地中間管理事業とは、都道府県ごとに設置されている農地中間管理機構が、農地

所有者から農地を借り受け、インターネット等により借り手を募集し（農地中間17）、農業の担い手となる借り手が農地をまとまりのある形で利用できるよう農用地利用配分計画を定め（農地中間18①②）、都道府県知事の認可を受け公告（農地中間18③～⑤）することによって、賃借権等が設定される事業です（農地中間18⑥）。

　農地中間管理機構による農地のあっせんを受けるためには、①農地中間管理事業規程等に適合していること（農地中間18④一）、②全部効率利用要件（農地中間18④三イ）、③農作業常時従事要件（農地中間18④三ロ）等の要件を満たすことが必要です。

※令和元年5月24日法律12号の改正により、改正法施行後（公布日から1年3か月を超えない範囲内で政令で定める日から施行）は農地中間管理事業の実施地域を市街化区域以外まで拡大（改正農地中間2③）

　(4)　都市農地貸借円滑化法（生産緑地）

　2018年9月1日に、生産緑地の貸借のみを目的とした都市農地貸借円滑化法が施行されました。

　同法により生産緑地を借り受けるためには、①都市農業の有する機能の発揮に特に資する基準に適合する方法により都市農地において耕作の事業を行うこと（都市農地貸借4③一）、②地域との調和要件（都市農地貸借4③二）、③全部効率利用要件（都市農地貸借4③三）等の要件を満たすことが必要となります（Case31参照）。

4　農地を借り受けた法人は毎年農業委員会に利用状況を報告する義務がある

> **POINT**
>
> 　農地を借り受けた後は、毎年、農業委員会に農地の利用状況について報告を行う必要があります。

　農地を借り受けた後は、毎事業年度終了後3か月以内に、当該農地のある農業委員会に利用状況の報告をしなくてはなりません（農地3⑥、農地則19）。

第2章 法 人　　57

【参考書式】
○農地法第3条の規定による許可申請書（抜粋）

Ⅱ 使用貸借又は賃貸借に限る申請での追加記載事項

　　権利を取得しようとする者が、農地所有適格法人以外の法人である場合、又は、その者又はその世帯員等が農作業に常時従事しない場合には、Ⅰの記載事項に加え、以下も記載してください。
（留意事項）
　　農地法第3条第3項第1号に規定する条件その他適正な利用を確保するための条件が記載されている契約書の写しを添付してください。また、当該契約書には、「賃貸借契約が終了したときは、乙は、その終了の日から○○日以内に、甲に対して目的物を原状に復して返還する。乙が原状に復することができないときは、乙は甲に対し、甲が原状に復するために要する費用及び甲に与えた損失に相当する金額を支払う。」、「甲の責めに帰さない事由により賃貸借契約を終了させることとなった場合には、乙は、甲に対し賃借料の○年分に相当する金額を違約金として支払う。」等を明記することが適当です。

＜農地法第3条第3項第2号関係＞
8　地域との役割分担の状況
　　地域の農業における他の農業者との役割分担について、具体的にどのような場面でどのような役割分担を担う計画であるかを以下に記載してください。
　　（例えば、農業の維持発展に関する話合い活動への参加、農道、水路、ため池等の共同利用施設の取決めの遵守、鳥害被害対策への協力等について記載してください。）

> 　　地域の話合い等に当法人の農場長をはじめ職員が積極的に参加をし、農道、水路、ため池等の共同利用施設の取決め等を遵守していく。また、鳥害被害対策等への協力を行っていく。

＜農地法第3条第3項第3号関係＞（権利を取得しようとする者が法人である場合のみ記載してください。）
9　その法人の業務を執行する役員のうち、その法人の行う耕作又は養畜の事業に常時従事する者の氏名及び役職名並びにその法人の行う耕作又は養畜の事業への従事状況

　（1）氏名　　○○○○
　（2）役職名　農場長
　（3）その者の耕作又は養畜の事業への従事状況
　　　　その法人が耕作又は養畜の事業（労務管理や市場開拓等も含む。）を行う期間：年 12 か月
　　　　そのうちその者が当該事業に参画・関与している期間：年　　 か月（直近の実績）
　　　　　　　　　　　　　　　　　　　　　　　　　　　　年 12 か月（見込み）

　　　　　（平21・12・11　21経営4608・21農振1599　別紙1　様式例第1号の1　別添）

○農地（採草放牧地）賃貸借契約書

様式例第10号の2

```
┌─────────┐
│ 収　入 │
│ 印　紙 │
└─────────┘
```
農地（採草放牧地）賃貸借契約書

　　賃貸人及び賃借人は、農地法の趣旨に則り、この契約書に定めるところにより賃貸借契約を締結する。

　　この契約書は、2通作成して賃貸人及び賃借人がそれぞれ1通を所持し、その写し1通を○○農業委員会に提出する。

　　○○○○年○○月○○日

　　　　　　　　賃貸人（以下甲という。）　住所　○○県○○市○○町○-○

　　　　　　　　　　　　　　　　　　　　　　氏名　○○○○　　　　　　　　　　　　印

　　　　　　　　賃借人（以下乙という。）　住所　○○県○○市○○町○-○

　　　　　　　　　　　　　　　　　　　　　　氏名　○○○○株式会社　代表取締役○○○○　印

1　賃貸借の目的物

　　甲は、この契約書に定めるところにより、乙に対して、別表1に記載する土地その他の物件を賃貸する。

2　賃貸借の期間

　(1)　賃貸借の期間は、○○○○年○○月○○日から○○○○年○○月○○日まで○○年間とする。

　(2)　甲又は乙が、賃貸借の期間の満了の1年前から6か月前までの間に、相手方に対して更新しない旨の通知をしないときは、賃貸借の期間は、従前の期間と同一の期間で更新する。

3　契約の解除

　　甲は、乙が目的物たる農地を適正に利用していないと認められる場合には賃貸借契約を解除するものとする。

4　借賃の額及び支払期日

　　乙は、別表1に記載された土地その他の物件に対して、同表に記載された金額の借賃を同表に記載された期日までに甲の住所地において支払うものとする。

5　借賃の支払猶予

　　災害その他やむをえない事由のため、乙が支払期日までに借賃を支払うことができない場合には、甲は相当と認められる期日までその支払を猶予する。

6　転貸又は譲渡

　　乙は、本人又はその世帯員等が農地法第2条第2項に掲げる事由により借入地を耕作することができない場合に限って、一時転貸することができる。その他の事由により賃借物を転貸し、又は賃借権を譲渡する場合には、甲の承諾を得なければならない。

7　修繕及び改良

　(1)　目的物の修繕及び改良が土地改良法に基づいて行なわれる場合には、同法に定めるところによる。

　(2)　目的物の修繕は甲が行なう。ただし、緊急を要する場合その他甲において行なうことができない事由があるときは、乙が行なうことができる。

　(3)　目的物の改良は乙が行なうことができる。

　(4)　修繕費又は改良費の負担又は償還は、別表2に定めたものを除き、民法及び土地改良法に従う。

第2章 法 人 59

8 経常費用
  (1) 目的物に対する租税は、甲が負担する。
  (2) かんがい排水、土地改良等に必要な経常経費は、原則として乙が負担する。
  (3) 農業災害補償法に基づく共済金は、乙が負担する。
  (4) 租税以外の公課等で(2)及び(3)以外のものの負担は、別表3に定めるもののほかは、その公課等の支払義務者が負担する。
  (5) その他目的物の通常の維持保存に要する経常費は、借主が負担する。
9 目的物の返還及び立毛補償
  (1) 賃貸借契約が終了したときは、乙は、その終了の日から〇〇日以内に、甲に対して目的物を原状に復して返還する。乙が原状に復することができないときは、乙は甲に対し、甲が原状に復するために要する費用及び甲に与えた損失に相当する金額を支払う。ただし、天災地変等の不可抗力又は通常の利用により損失が生じた場合及び修繕又は改良により変更された場合は、この限りではない。
  (2) 契約終了の際目的物の上に乙が甲の承諾を得て植栽した永年性作物がある場合には、甲は、乙の請求により、これを買い取る。
  (3) 甲の責めに帰さない事由により賃貸借契約を終了させることとなった場合には、乙は、甲に対し賃借料の〇年分に相当する金額を違約金として支払う。
10 この賃貸借契約に附随する権利又は義務
11 契約の変更
    契約事項を変更する場合には、その変更事項をこの契約書に明記しなければならない。
12 その他この契約書に定めのない事項については、甲乙が協議して定める。

別表1 　土地その他の物件の目録等

土 地 そ の 他 の 物 件 の 表 示					借 　 賃			備 　 考
大 　 字	字	地 　 番	地 　目 (種類)	面 　積 (数量)	単位当たり 金 　 額	総 　 額	支払期日	
○○	○○	○○	畑	5,600㎡	10,000円	56,000円	毎年3月末	

別表2 　修繕費又は改良費の負担に係る特約事項
　　　 特になし

修繕又は改良の工事名	賃貸人及び賃借人の費用に関する支払区分の内容	賃借人の支払額についての賃貸人の償還すべき額及び方法	備 　 考
－	－	－	－

別表3 　公課等負担に係る特約事項
　　　 特になし

公 　 課 　 等 　 の 　 種 　 類	負 　 担 　 区 　 分 　 の 　 内 　 容	備 　 考
－	－	－

（平21・12・11 　21経営4608・21農振1599 　別紙1 　様式例第10号の2）

第2章 法 人

61

○農地等の利用状況報告書

様式例第1号の7

農地等の利用状況報告書

〇〇〇〇年〇〇月〇〇日

〇〇市 農業委員会会長　殿

住所　〇〇県〇〇市〇〇町〇－〇
氏名　〇〇株式会社　　　　　　印
　　　代表取締役〇〇〇〇

　〇〇〇〇年〇〇月〇〇日付け〇〇指令第〇〇号で農地法第3条第1項の許可を受けた農地（採草放牧地）について、下記のとおり報告します。

記

1　農地法第3条第3項の規定の適用を受けて同条第1項の許可を受けた者の氏名等

氏名	住所
〇〇株式会社　代表取締役〇〇〇〇	〇〇県〇〇市〇〇町〇－〇

2　報告に係る土地の所在等

所在・地番	地目 登記簿	地目 現況	面積（㎡）	作物の種類別作付面積（又は栽培面積）	生産数量	反収	備考
〇〇市〇〇町〇〇番地	畑	畑	〇〇〇〇	ネギ　〇〇〇〇㎡	〇〇〇〇kg	約〇〇万円	

3　農地法第3条第3項の規定の適用を受けて同条第1項の許可を受けた農地又は採草放牧地の周辺の農地又は採草放牧地の農業上の利用に及ぼしている影響
　　特になし

4　地域の農業における他の農業者との役割分担の状況
　　当法人の農場長である〇〇〇〇が、地域の営農部会の会計役を務めるなど、地域の話合いに職員をはじめ役員等が積極的に参加している。

5　業務執行役員又は重要な使用人の状況

氏　名	常時従事者の役職名	耕作又は養畜の事業の年間従事日数
〇〇〇〇	農場長	300日

6　その他参考となるべき事項

（平21・12・11　21経営4608・21農振1599　別紙1　様式例第1号の7）

第2章 法　人

Case13　法人の欠かせない事業の用に供するため農地の権利
を取得したい

　種苗メーカーに勤務しています。今度新しい品種の開発のために、私の勤務
する法人で試験研究を行う農地を購入する計画があります。農地所有適格法人
の要件は備えていませんが、このような目的で法人が農地を購入することは可
能でしょうか。

◆チェック

□　農地法施行令2条1項1号イの規定に該当するか

解　説

1　農地法施行令2条1項1号イの規定に該当するか

POINT

　農地所有適格法人の要件を備えていない本ケースのような法人でも、農地法施
行令2条1項1号イの規定に該当すれば、農地法3条の許可を受けて、農地を購入す
ることができます。

　農地法施行令2条1項1号イの以下の規定に該当すれば、農地法3条の許可を受けて、
農地を購入することができます。
①　権利を取得しようとする法人が、権利を取得しようとする農地の全てにおいて耕
作を行うと認められること
②　農地における耕作の事業が法人の主たる業務の運営に欠くことのできない試験研
究のために行われること
　許可に当たっては、許可要件である、①全部効率利用要件（農地3②一）、②農作業常
時従事要件（農地3②四）、③法人要件（農地3②二）、④下限面積要件（農地3②五）等は適用
除外となります（Case2・11参照）。

第 2 章　法　人　　　63

【参考書式】
○農地法第3条の規定による許可申請書（抜粋）

| Ⅲ　特殊事由により申請する場合の記載事項 |

10　以下のいずれかに該当する場合は、該当するものに印を付し、Ⅰの記載事項のうち指定の事項を記載するとともに、それぞれの事業・計画の内容を「事業・計画の内容」欄に記載してください。

(1) 以下の場合は、Ⅰの記載事項全ての記載が不要です。

□　その取得しようとする権利が地上権(民法（明治29年法律第89号）第269条の2第1項の地上権)又はこれと内容を同じくするその他の権利である場合
  (事業・計画の内容に加えて、周辺の土地、作物、家畜等の被害の防除施設の概要と関係権利者との調整の状況を「事業・計画の内容」欄に記載してください。)

□　農業協同組合法（昭和22年法律第132号）第10条第2項に規定する事業を行う農業協同組合若しくは農業協同組合連合会が、同項の委託を受けることにより農地又は採草放牧地の権利を取得しようとする場合、又は、農業協同組合若しくは農業協同組合連合会が、同法第11条の31第1項第1号に掲げる場合において使用貸借による権利若しくは賃借権を取得しようとする場合

□　権利を取得しようとする者が景観整備機構である場合
  (景観法（平成16年法律第110号）第56条第2項の規定により市町村長の指定を受けたことを証する書面を添付してください。)

(2) 以下の場合は、Ⅰの1-2(効率要件)、2(農地所有適格法人要件)、5(下限面積要件)以外の記載事項を記載してください。

☑　権利を取得しようとする者が法人であって、その権利を取得しようとする農地又は採草放牧地における耕作又は養畜の事業がその法人の主たる業務の運営に欠くことのできない試験研究又は農事指導のために行われると認められる場合

□　地方公共団体（都道府県を除く。）がその権利を取得しようとする農地又は採草放牧地を公用又は公共用に供すると認められる場合

□　教育、医療又は社会福祉事業を行うことを目的として設立された学校法人、医療法人、社会福祉法人その他の営利を目的としない法人が、その権利を取得しようとする農地又は採草放牧地を当該目的に係る業務の運営に必要な施設の用に供すると認められる場合

□　独立行政法人農林水産消費安全技術センター、独立行政法人種苗管理センター又は独立行政法人家畜改良センターがその権利を取得しようとする農地又は採草放牧地をその業務の運営に必要な施設の用に供すると認められる場合

〔中略〕

（事業・計画の内容）

野菜の新品種の開発のための試験研究に伴う種苗育成。

計画は別紙計画書のとおり。

（平21・12・11　21経営4608・21農振1599　別紙1　様式例第1号の1　別添）

第 3 章

賃貸借の解約

66

第3章　賃貸借の解約　　67

Case14　賃貸借している農地の返還を受けるために農地法18
条の許可申請をしたい

　自己所有する農地を、農地法3条の許可を得て、賃貸しています。賃貸期間は定めていませんでしたが、適切に耕作されていないため、返還してもらうように賃借人に話したところ、同意が得られません。そこで、農地法18条に基づく解約の許可申請をしたいのですが、許可要件や手続はどのようになっているのでしょうか。

◆チェック

□　農地法18条の許可要件を満たすことができるか
□　許可申請書を提出する準備をしているか

解　説

1　農地法18条の許可要件を満たすことができるか

POINT

　農地法3条の許可を得た期間の定めのない農地の賃貸借の解約や、期間の定めのある賃貸借の期間中の解約には、原則、農地法18条の都道府県知事等の許可を得る必要があります。許可を得るためには許可要件に該当しなければなりません。

　都道府県知事等の許可を得るためには、許可要件のいずれかに該当する必要があります。

　主な許可要件は、以下のとおりです（農地18②各号、平12・6・1　12構改B404）。

①　賃借人が信義に反した行為をしていること

　　賃借人の信義に反した行為とは、例えば、賃借人の借賃の滞納、無断転用、不耕作などが該当します。

②　その農地を農地以外にすることが相当であること

　　例えば、賃貸人に具体的な転用計画があり、転用許可が見込まれ、賃借人の経営及び生計状況や離作条件等からみて賃貸借契約を終了させることが相当と認められ

る場合が該当します。

③　賃借人の生計、賃貸人の経営能力を考慮し、賃貸人がその農地を耕作することが相当であること

　　賃貸借の解約により、賃借人の生活の維持が困難とならないか、賃貸人が自ら農業経営を行うことが賃貸人の労働力、技術、施設等の点から確実と認められる場合が該当します。

④　農地中間管理機構との協議の勧告がされたこと

　　利用意向調査の結果、農地中間管理機構との協議を勧告された場合が該当します（農地36①）。

⑤　その他正当な事由があること

2　許可申請書を提出する準備をしているか

> **POINT**
>
> 　解約の許可申請を行うには、要件を満たし、解約を希望する農地のある市町村の農業委員会に許可申請書を提出する必要があります。

　農地法18条の許可申請は、上記1の要件を満たして、解約を希望する農地のある市町村の農業委員会に許可申請書を提出します（農地令22①）。添付書類は、一般的には登記事項証明書（全部事項証明書に限ります（農地則10②一）。）などになります（農地則64③）。

　なお、賃借人の同意を得ており、一定の要件を満たしていれば、都道府県知事等の許可なく合意解約が可能であり、その場合には合意解約の通知を農業委員会に行います（Case15参照）。

第3章　賃貸借の解約　　69

【参考書式】
○農地法第18条第1項の規定による許可申請書

様式例第9号の3

農地法第18条第1項の規定による許可申請書

○○○○年○○月○○日

都道府県知事
　（指定都市の長）　　殿

申請者　住所　○○県○○市○○町○－○

氏名　○○○○　　　　印

　下記土地について賃借権の○○（※）をしたいので、農地法第18条第1項の規定により許可を申請します。

記

1　賃貸借の当事者の氏名等

当事者	氏　　名	住　　所	備　　考
賃貸人	○○○○	○○県○○市○○町○－○	
賃借人	○○○○	○○県○○市○○町○－○	

2　許可を受けようとする土地の所在等

所在・地番	地　目（登記簿）	現況	面積（㎡）	利用状況	耕作（利用）年数
○○県○○市○○町○○番地○○町○○番地	田畑	田畑	2,500㎡2,500㎡	水田畑	30年20年

3　賃貸借契約の内容　別紙賃貸借契約書写しのとおり
4　賃貸借の○○（※）をしようとする事由の詳細　賃借人の不耕作のため
5　賃貸借の○○（※）をしようとする日　○○○○年○○月○○日
6　土地の引渡しを受けようとする時期　○○○○年○○月○○日
7　賃借人の生計（経営）の状況及び賃貸人の経営能力
　(1) 土地の状況

	農　地　の　面　積									採草放牧地の面積			備　　　　考	
	自作地			借入地			貸付地			貸付地以外の所有地	借入地	貸付地		
	田	畑	計	田	畑	計	田	畑	計					
賃貸人	500	200	700				6	4	10				山林宅地	a1000　㎡
賃借人	100	50	150	25	25	50							山林宅地	a550　㎡

第3章　賃貸借の解約

(2)　土地以外の資産状況

項　　　　目		賃　　　貸　　　人				賃　　　借　　　人			
所有大農機具の種類とその数量	種　類	トラクター50ps	田植機6条	コンバイン6条	野菜収穫機	トラクター20ps	田植機4条	コンバイン4条	野菜収穫機
	数　量	1台	1台	1台	一式	1台	1台	1台	一式
飼養家畜の種類とその頭羽数	種　類								
	数　量								
そ　　の　　他									
固　定　資　産　税　額		○○○○○円				○○○○○円			
市町村民税の所得決定額		○○○○○円				○○○○○円			

(3)　世帯員等（構成員）の状況

世帯員等（構成員）〔15歳以上のもの〕氏　名	性別	年令	世帯員等（構成員）就業等の状況（○印を付す）					備　　　　考
			農業従事者	農業以外の業務を兼ねるもの	農業外の職業従事者	農地法第2条第2項該当者	常時出稼者	
賃貸人 ○○○○	男	75	○					年雇（常雇） 　男2人、女1人 臨時雇年延 　男100人、女　人 15歳未満の世帯員等 （構成員） 　男　人、女　人
○○	女	74	○					
○○	男	55		○				
○○	女	56	○					
○○	男	23	○					
賃借人 ○○○○	男	78	○					年雇（常雇） 　男　人、女　人 臨時雇年延 　男　人、女　人 15歳未満の世帯員等 （構成員） 　男　人、女　人
○○	女	79	○					
○○	男	57			○			
○○	女	55			○			
○○	女	20			○			

第3章　賃貸借の解約

8　賃借権の解約に伴い支払う給付の種類等

土地の別		離作料支給土地の面積	毛　上　補　償		離　作　補　償		代地補償		備　　　　考
			10a当り	総量	10a当り	総量	地目	面積	
農地	田	0							
	畑	0							
採草放牧地									

9　信託事業に係る信託財産

※○○には、解除、解約の申入れ、合意による解約、賃貸借の更新をしない旨の通知のいずれかを記載します。

（平21・12・11　21経営4608・21農振1599　別紙1　様式例第9号の3）

第3章　賃貸借の解約

Case15　農地法18条6項による賃貸借の合意解約の通知をしたい

　自己所有する農地を、3年前に農地法3条の許可を得て、知人の農業者に5年間の契約で賃貸しています。賃貸借期間の途中ですが、賃借人が疾病により経営規模を縮小することとなり、相談の結果、農地を返還してもらうことになりました。このため、賃借人と合意解約をしたいのですが、都道府県知事等の許可を必要とせずに合意解約できる農地法の規定があると聞きました。それはどのような規定であり、手続はどうすればよいのでしょうか。

◆チェック

□　農地法18条1項2号の規定に該当するか
□　農地法18条6項の通知を農業委員会に行う準備をしているか

解　説

1　農地法18条1項2号の規定に該当するか

POINT

　農地法18条1項2号の規定に該当すれば、都道府県知事等の許可を要せず、合意解約が可能です。

　農地法18条1項2号は、賃貸借の合意解約について「その合意が賃貸借の解約により農地を引き渡してもらう期限前の6か月以内に成立した合意で、その旨が書面において明らか」である場合には、都道府県知事等の許可を要せず、合意解約が可能であると定めています。

2　農地法18条6項の通知を農業委員会に行う準備をしているか

POINT

　農地法18条1項2号の合意解約をした場合は、農業委員会への通知が必要です。

農地法18条1項2号の合意解約をした場合、農地法18条6項に基づき、解約の翌日から30日以内に農業委員会に当事者の連名により合意解約した旨の通知をする必要があります（農地則68①②）。

添付書類は、一般的には登記事項証明書（全部事項証明書に限ります。）、解約について合意が成立したことを証する書面などになります（農地則68③）。

【参考書式】
○農地法第18条第6項の規定による通知書

様式例第9号の6

農地法第18条第6項の規定による通知書

〇〇〇〇 年 〇〇 月 〇〇 日

〇〇市農業委員会会長　殿

通知者　（賃貸人）　住所　〇〇県〇〇市〇〇町〇－〇
　　　　　　　　　　氏名　〇〇〇〇　　　　　　印
　　　　（賃借人）　住所　〇〇県〇〇市〇〇町〇－〇
　　　　　　　　　　氏名　〇〇〇〇　　　　　　印

　下記土地について賃貸借の合意解約をしたので、農地法第18条第6項の規定により通知します。

記

1　賃貸借の当事者の氏名等

当事者	氏　　名	住　　　所
賃貸人	〇〇〇〇	〇〇県〇〇市〇〇町〇－〇
賃借人	〇〇〇〇	〇〇県〇〇市〇〇町〇－〇

2　土地の所在等

所在・地番	地　目		面積（㎡）	備　　考
	登記簿	現況		
〇〇県〇〇市〇〇町〇〇番地	畑	畑	1,500	

3　賃貸借契約の内容
　　別紙賃貸借契約書写しのとおり
4　農地法第18条第1項ただし書に該当する事由の詳細
　　賃借人の疾病のため
5　賃貸借の解約の申入れ等をした日
　　賃貸借の解約の申入れをした日　　　　　　年　　　月　　　日
　　賃貸借の更新拒絶の通知をした日　　　　　年　　　月　　　日
　　賃貸借の合意解約の合意が成立した日　　〇〇〇〇年〇〇月〇〇日
　　賃貸借の合意による解約をした日　　　　〇〇〇〇年〇〇月〇〇日

6　土地の引渡しの時期　　　　　　　　　〇〇〇〇年〇〇月〇〇日

7　その他参考となるべき事項

（平21・12・11　21経営4608・21農振1599　別紙1　様式例第9号の6）

第 4 章

農地転用

76

第4章　農地転用　　77

Case16　市街化区域の農地を転用し住宅用地として売却するために農地法5条の届出をしたい

　自己所有する市街化区域の農地を住宅用地として売却しようと考えているのですが、可能でしょうか。可能であれば、農地の転用に当たりどのような手続が必要ですか。

◆チェック

□　自己転用か権利設定を伴う転用か
□　市街化区域か市街化区域以外か
□　生産緑地の指定を受けていないか
□　相続税納税猶予制度の適用を受けていないか
□　農地を貸し付けていないか
□　他の権利が設定されていないか
□　開発許可が必要な転用であるか

解　説

1　自己転用か権利設定を伴う転用か

POINT

　自己転用か権利設定を伴う転用かにより、手続が異なります。

　農地所有者が自ら行う自己転用は、農地法4条に基づく手続を行います。権利設定を伴う転用は農地法5条に基づく手続を行います。本ケースは、農地転用のための売買ですので、農地法5条の手続が必要です。

2　市街化区域か市街化区域以外か

POINT

　市街化区域の農地を転用するためには、農業委員会への届出が必要です。

市街化区域の農地を転用するためには、農業委員会へ農地法4条又は農地法5条の届出が必要です。

なお、市街化区域以外の農地を転用するためには、都道府県知事等の許可を得る必要があります（Case17参照）。

届出は、転用する農地のある市町村の農業委員会へ行います（農地5①六）。受理通知書は原則2週間以内に交付され、受理通知書が交付されるまでは、転用事業に着手できません（平21・12・11　21経営4608・21農振1599）。

3　生産緑地の指定を受けていないか

POINT

市街化区域の農地であっても、生産緑地の指定を受けている農地であれば、開発行為の制限があります。

生産緑地の農地転用は農業用施設等に限定されています。生産緑地を住宅用地として農地転用するためには、買取申出をし、行為制限を解除する必要があります。ただし買取申出ができる事由は限られています。詳細については、Case29をご参照ください。

4　相続税納税猶予制度の適用を受けていないか

POINT

相続税納税猶予制度の適用を受けている農地を住宅用地に転用すると、制度の打切り（期限の確定）となります。

相続税納税猶予制度は、農地の相続人が農業を継続する場合に、相続した農地の価額を農業投資価格とみなし、農業投資価格を超えた部分の相続税額を猶予するという制度で、猶予税額の納税が免除となる期限までは農業の継続が要件となっています(特定貸付け等を除きます。)。また、転用行為は農業用施設等に限られています。

このため、相続税納税猶予制度の適用を受けている農地を住宅用地として転用した場合には、制度の打切り（期限の確定）となり、転用する面積部分の猶予税額に利子税を付して、2か月以内に税務署に納付することになります（20％を超えると全ての適用農地が制度の打切りとなります。）。詳細については、Case35をご参照ください。

第4章　農地転用　　79

5　農地を貸し付けていないか

> **POINT**
>
> 　農地を農地法3条の許可等を得て貸し付けている場合は、転用届出をする前に、借受人と貸借を解約する必要があります（農地則50②二）。

　賃貸借の解約は、原則、都道府県知事等の許可や合意解約した通知を農業委員会に行う必要があります。詳細については、Case14・15をご参照ください。

6　他の権利が設定されていないか

> **POINT**
>
> 　区分地上権等の権利が設定されている場合は、権利者の同意等が必要となります（民269の2①）。

　区分地上権の設定されている土地について、民法269条の2第1項は「（権利者は）地上権の行使のためにその土地の使用に制限を加えることができる」と規定しているため、権利者の同意が必要です。

7　開発許可が必要な転用であるか

> **POINT**
>
> 　開発許可が必要な転用事業の場合は、農業委員会に農地転用の届出をするときに開発許可書が必要となります（農地則50②三）。

　都市計画法29条1項に基づく都道府県知事等の開発許可が必要な転用事業には、開発許可があったことを証する書面を添付することが必要です。

【参考書式】
○農地法第5条第1項第6号の規定による農地転用届出書

様式例第4号の9

農地法第5条第1項第6号の規定による農地転用届出書

平成○○年○○月○○日

○○市農業委員会会長　殿

株式会社○○○○

譲受人　氏名　代表取締役○○○○　　　印

譲渡人　氏名　○○○○　外1名　　　　印

　下記のとおり転用のため農地（採草放牧地）の権利を設定し（移転）したいので、農地法第5条第1項第6号の規定により届け出ます。

記

1　当事者の住所等	当事者の別	氏　　名	住　　　所	職　　業
	譲　受　人	株式会社○○○○ 代表取締役○○○○	〒○○○−○○○○ ○○県○○市○○町○−○	建設業
	譲　渡　人	別紙のとおり		

2　土地の所在等	土地の所在	地　番	地　　目		面　積	土地所有者		耕　作　者	
			登記簿	現　況		氏　名	住　所	氏　名	住　所
	○○市○○町	○○番地	畑	畑	○○	別紙の とおり		同左	
	計		90　㎡（田　　　㎡　畑○○㎡　採草放牧地　　　㎡)						

3　権利を設定し又は移転 　　しようとする契約の内容	権利の種類	権利の設定、 移転の別	権利の設定、移転 の時期	権利の存続期間	その他
	所有権	移転	○○○○年○○月○○日	永久	

4　転用計画	転用の目的	個人住宅の建設	開発許可を要しない転用行為にあって は都市計画法第29条の該当号
	転用の時期	工事着工時期	○○○○年○○月○○日
		工事完了時期	○○○○年○○月○○日
	転用の目的に係る事業又 は施設の概要	木造　2階建　1棟　○○㎡　上下水より取水　公共下水に排水	

5　転用することによって 　　生ずる付近の農地、作物 　　等の被害の防除施設の概 　　要	周囲は宅地のため、周辺の農業への影響はない。

第4章　農地転用　　　　81

（別紙1）　届出書の1の欄　　当事者の住所等

当事者の別	氏　　　　名	捺印	住　　　　　　　所	職　業
譲　受　人	株式会社〇〇〇〇 代表取締役〇〇〇〇		〇〇県〇〇市〇〇町〇－〇	建設業
譲　渡　人	〇〇〇〇		〇〇県〇〇市〇〇町〇－〇	会社員
譲渡人	△△△△		△△県△△市△△町△－△	会社員

（別紙2）　届出書の2の欄　　届け出ようとする土地の所在等

譲渡人の氏名	所　　　在	地番	地　目 登記簿	地　目 現　況	面　積	土地所有者 氏　名	土地所有者 住　所	耕作者 氏　名	耕作者 住　所
〇〇〇〇	〇〇市〇〇町	〇〇番地	畑	畑	〇〇 ㎡	〇〇〇〇	〇〇〇〇	同左	
△△△△	上記のとおり					△△△△	△△△△	同左	
計　　筆			㎡（田		㎡、畑	㎡、採草放牧地		㎡)	

（記載要領）　本表は、（別紙1）の譲渡人の順に名寄せして記載してください。

（平21・12・11　21経営4608・21農振1599　別紙1　様式例第4号の9）

第4章　農地転用

Case17　農地転用の許可を得て自己所有の農地に自家用駐車場を設置したい

　自己所有する市街化区域以外の農地を、自家用の駐車場にしたいと農業委員会に相談したところ、その農地を自家用駐車場に転用するためには、都道府県知事等の許可が必要だと聞きました。許可を得るにはどうすればよいのでしょうか。

◆チェック

| □ 自己転用か権利設定を伴う転用か |
| □ 市街化区域か市街化区域以外か |
| □ 農地転用の許可要件を満たせるか |
| □ 農地法以外の法令の許認可等を得ているか |

解　説

1　自己転用か権利設定を伴う転用か

POINT

　自己転用か権利設定を伴う転用かにより、手続が異なります。

　農地所有者が自ら行う自己転用は、農地法4条に基づく手続を行います。権利設定を伴う転用は農地法5条に基づく手続を行います。本ケースは、自己転用ですので、農地法4条の手続が必要です。
　自己転用及び所有権移転など権利設定を伴う転用ともに、農地転用の手続は、当事者が農業委員会に許可申請書を法定添付書類等とともに提出し、申請します（農地4②・5③）。

2　市街化区域か市街化区域以外か

POINT

　市街化区域以外の農地を転用するためには、都道府県知事等の許可を得る必要があります。

第4章　農地転用　　83

　本ケースは、市街化区域以外の農地の転用ですので、都道府県知事等の許可を得る必要があります。

　なお、市街化区域の農地を転用するためには、農業委員会への届出が必要です（Case16参照）。

3　農地転用の許可要件を満たせるか

POINT

　農地を転用するために都道府県知事等の許可を得るには、許可要件である一般基準と立地基準をともに満たす必要があります。

(1)　一般基準

　主な一般基準の要件は以下のとおりです。要件の全てを満たす必要があります（農地4⑥三～五・5②三～七、農地則47・57）。なお⑬と⑭は、令和元年5月24日法律12号の改正農地法施行後（公布の日から起算して6か月を超えない範囲内において政令で定める日から施行）の要件となります（改正農地4⑥三～六・5②三～八）。

①　申請者に農地転用を行うために必要な資力及び信用があると認められること

②　申請に係る農地転用の妨げとなる権利を有する者の同意を得ていること

③　農地の全てを農地転用に供することが確実と認められること

④　農地転用の許可を受けた後、遅滞なく、申請に係る農地を申請に係る用途に供する見込みがあること

⑤　申請に係る事業の施行に関して行政庁の免許、許可、認可等の処分を必要とする場合においては、これらの処分がされたこと又はこれらの処分がされる見込みがあること

⑥　申請に係る事業の施行に関して法令により義務付けられている行政庁との協議を行っており、支障がない見込みがあること

⑦　申請に係る農地と一体として申請に係る事業の目的に供する土地を利用できる見込みがあること

⑧　申請に係る農地の面積が申請に係る事業の目的からみて適正と認められること

⑨　申請に係る事業が工場、住宅その他の施設の用に供される土地の造成のみを目的としないものであること

⑩　農地転用をすることにより、土砂の流出又は崩壊その他の災害を発生させるおそれがないと認められること

⑪　農業用用排水施設の有する機能に支障を及ぼすおそれがないと認められること

⑫　周辺の農地に係る営農条件に支障を生ずるおそれがないと認められること

⑬　農地の利用の集積に支障を及ぼすおそれがないと認められること

⑭　農地の農業上の効率的かつ総合的な利用の確保に支障を生ずるおそれがないと認められること

⑮　仮設工作物の設置その他の一時的な利用に供するための所有権の取得ではないこと

⑯　一時転用等の場合において、その利用に供された後にその土地が耕作の目的に供されることが確実と認められること

(2)　立地基準

立地基準の概要は以下のとおりです。立地基準では、転用を行う農地の立地から、転用許可の可否を判断します。

＜立地基準と転用許可の可否の概要＞

立　地	農地の状態	転用許可の可否
農用地区域内の農地（農地4⑥一イ・5②一イ）	―	原則不許可（農地4⑥一イ・5②一イ）
甲種農地	市街化調整区域内にある特に良好な営農条件を備えている農地で次に該当する農地 ①　おおむね10ha以上の一団の農地の区域にある農地で、その区画の面積、形状、傾斜及び土性が高性能農業機械による営農に適する農地 ②　特定土地改良事業等の施行に係る区域内にある農地で、工事完了の年度の翌年度の翌日から8年以内の農地 　（農地4⑥一ロ・5②一ロ、農地令5・6・12・13、農地則41・55）	原則不許可（農地4⑥一ロ・5②一ロ）
第一種農地	集団的に存在する農地その他の良好な営農条件を備えている農地で、次に該当する農地 ①　おおむね10ha以上の一団の農地の区域内にある農地 ②　特定土地改良事業等の施行に係る区域内にある農地 ③　近傍の標準的な農地を超える生産をあげることができる農地 　（農地4⑥一ロ・5②一ロ、農地令5・12、農地則40）	原則不許可（農地4⑥一ロ・5②一ロ）

第二種農地	市街地の区域又は市街地化の傾向が著しい区域内にある農地に近接する区域にある農地、その他市街地化が見込まれる区域内にある農地 ① 道路、下水道その他の公共施設又は鉄道の駅その他の公益的施設の整備の状況からみて、第三種農地の場合における公共施設等の整備状況の程度に該当することが見込まれる区域内にある農地で次に該当する農地 ア 相当数の街区を形成している区域内にある農地 イ 次の施設の周囲おおむね500m以内の区域内にある農地 a 鉄道の駅、軌道の停車場又は船舶の発着場 b 都道府県庁、市役所、区役所又は町村役場（これらの支所を含みます。） c その他a及びbの施設に類する施設 ② 宅地化の状況が住居の用若しくは事業の用に供する施設又は公共施設若しくは公益的施設が連たんしている程度に達している区域に近接する区域内にある、おおむね10ha未満の農地の区域内にある農地 （農地4⑥二・一ロ(2)・5②二・一ロ(2)、農地令8・15、農地則45・46）	周辺の土地では事業の目的を達成できない場合、公益性が高い事業等の場合は、許可（農地4⑥二・5②二、農地令4②・11②）
第三種農地	市街地の区域内又は市街地化の傾向が著しい区域内で、次に該当する農地 ① 道路、下水道その他の公共施設又は鉄道の駅その他の公益的施設の整備の状況が次の程度に達している区域内にある農地 ア 水管、下水道管又はガス管のうち2種類以上が埋設されている道路の沿道の区域であって、容易にこれらの施設の便益を享受することができ、かつ、農地からおおむね500m以内に2つ以上の教育施設、医療施設その他の公共施設又は公益的施設が存すること。 イ 農地からおおむね300m以内に次に掲げる施設のいずれかが存すること。 a 鉄道の駅、軌道の停車場又は船舶の発着場 b 農地法施行規則35条4号ロに規定する道路の出入口	原則許可

| | c 都道府県庁、市役所、区役所又は町村役場（これらの支所を含みます。）
d その他a〜cの施設に類する施設
② 宅地化の状況が次の程度に達している区域内にある農地
ア 住宅の用若しくは事業の用に供する施設又は公共施設若しくは公益的施設が連たんしている
イ 街区に占める宅地の面積の割合が40％を超えている
ウ 都市計画法8条1項1号に規定する用途地域が定められている（農業上の土地利用との調整が整ったものに限ります。）
（農地4⑥一ロ(1)・5②一ロ(1)、農地令7・14、農地則43・44） | |

4 農地法以外の法令の許認可等を得ているか

POINT

> 許可要件の一般基準のうち、「申請に係る事業の施行に関して行政庁の免許、許可、認可等の処分を必要とする場合においては、これらの処分がされたこと又はこれらの処分がされる見込みがあること」には、特に留意する必要があります。

　転用事業に農地法以外の法令の許認可等が必要かどうかをよく確認し、必要な場合には、早めに手続等を進めることが大切です。

第4章　農地転用　　　87

【参考書式】
○農地法第4条第1項の規定による許可申請書

様式例第4号の1

農地法第4条第1項の規定による許可申請書

平成○○年○○月○○日

都道府県知事
市町村長　　　　　殿

申請者　氏名　○○○○　　　　　印

下記のとおり農地を転用したいので、農地法第4条第1項の規定により許可を申請します。

記

1 申請者の住所等	住　所							職　業
	○○ 都道府県	○○ 郡市	○○ 町村	○○ 番地				農業

2 許可を受けようとする土地の所在等	土地の所在	地番	地目		面積	利用状況	10a当たり普通収穫高	耕作者の氏名	市街化区域・市街化調整区域・その他の区域の別
			登記簿	現況					
	○○郡市○○町村	○○	畑	畑	○○㎡	普通畑		○○○○	市街化調整区域
	計		○○㎡（田		㎡、畑		○○㎡）		

3 転用計画	(1)転用事由の詳細	用　途	事由の詳細　　自家用車の購入に伴う駐車場整備									
		自家用駐車場										
	(2)事業の操業期間又は施設の利用期間	○○○○年　○○月○○日から　　　永　年間										
	(3)転用の時期及び転用の目的に係る事業又は施設の概要	工事計画	第1期（着工○○○○年○○月○○日から ○○○○年○○月○○日まで）				第2期	合　計			
			名称	棟数	建築面積	所要面積		棟数	建築面積	所要面積
		土地造成				○○㎡				○○㎡
		建築物			㎡				㎡	
		小　計				○○㎡				○○㎡
		工作物								
		小　計								
		計				○○㎡				○○㎡

4 資金調達についての計画	総事業費　　○○○○円　　資金　　○○○○円 （内訳）　　　　　　　　（内訳） 土地造成費　○○○○円　　自己資金　○○○○円
5 転用することによって生ずる付近の土地・作物・家畜等の被害防除施設の概要	周辺農地と段差がないため、土砂流出のおそれはありません。 雨水は敷地に浸透枡を設置し、地下浸透により処理します。
6 その他参考となるべき事項	都市計画法の開発許可を要しない農地転用です。

（平21・12・11　21経営4608・21農振1599　別紙1　様式例第4号の1）

第 4 章　農地転用

Case18　農地転用の許可を得て市街化調整区域の農地に後継者の住宅を建設したい

　農業振興地域ではない市街化調整区域の農地を自己所有しています。農地転用の許可を得て、その農地を私の農業後継者に所有権移転し、農業後継者の住宅を建設したいのですが、許可を得る手続や要件はどのようになっているのでしょうか。

◆チェック

□　自己転用か権利設定を伴う転用か
□　都道府県知事等の農地転用の許可の要件を備えているか
□　都市計画法の開発許可を得ることが可能か若しくは例外規定に該当するか

解　説

1　自己転用か権利設定を伴う転用か

POINT

　自己転用か権利設定を伴う転用かにより、手続が異なります。

　農地所有者が自ら行う自己転用は、農地法4条に基づく手続を行います。権利設定を伴う転用は農地法5条に基づく手続を行います。本ケースは、農業後継者への所有権移転ですので、農地法5条の手続が必要です。

2　都道府県知事等の農地転用の許可の要件を備えているか

POINT

　農地転用には都道府県知事等の許可が必要です。

　都道府県知事等の農地転用の許可を得るためには、一般基準と立地基準の要件を満たし、許可申請を行うことが必要です。詳しくはCase17を参照してください。

3 都市計画法の開発許可を得ることが可能か若しくは例外規定に該当するか

POINT

市街化調整区域での農業後継者の住宅建設は、開発許可を要しない例外として扱われています。

住宅の建設は、通常、都市計画法上の開発行為に当たり、市街化調整区域における開発行為には、都市計画法の都道府県知事等の開発許可が必要となり、開発許可と農地法の農地転用許可は同時に行うこととなっています（平21・12・11　21経営4608・21農振1599）。

ただし、都市計画法29条1項2号で開発許可を要しない建築物として、本ケースに該当するような「農業を営む者の居住の用に供する建築物」（概要）と規定されています。都市計画法29条1項2号の該当の可否は、都道府県知事等へ照会することが必要です。

第4章　農地転用

【参考書式】

○農地法第5条第1項の規定による許可申請書

様式例第4号の2

農地法第5条第1項の規定による許可申請書

平成〇〇年〇〇月〇〇日

都道府県知事
市町村長　　　　　　殿

譲受人　氏名　〇〇〇〇　　　　　　印
譲渡人　氏名　〇〇〇〇　　　　　　印

　下記のとおり転用のため農地（採草放牧地）の権利を設定（移転）したいので、農地法第5条第1項の規定により許可を申請します。

記

1 当事者の住所等	当事者の別	氏　名	住　　　　　所				職　　業
	譲　受　人	〇〇〇〇	〇〇 都道府県	〇〇 郡市	〇〇 町村	〇〇 番地	農業
	譲　渡　人	〇〇〇〇	〇〇 都道府県	〇〇 郡市	〇〇 町村	〇〇 番地	農業

2 許可を受けようとする土地の所在等	土地の所在	地番	地目		面積	利用状況	10a当たり普通収穫高	所有権以外の使用収益権が設定されている場合		市街化区域・市街化調整区域・その他の区域の別
			登記簿	現況				権利の種類	権利者の氏名又は名称	
	〇〇 郡市 町村	〇〇	畑	畑	〇〇 ㎡	畑	〇〇〇〇			市街化調整区域
	計　　〇〇　㎡（田　　　　㎡、畑　　〇〇　㎡、採草放牧地　　　　㎡）									

3 転用計画	(1)転用の目的	後継者住宅の建設	(2)権利を設定し又は移転しようとする理由の詳細 後継者が就農するため							
	(3)事業の操業期間又は施設の利用期間	〇〇〇〇年 〇〇 月 〇〇 日から　　　永 年間								
	(4)転用の時期及び転用の目的に係る事業又は施設の概要	工事計画	第1期（着工 〇〇〇〇年〇〇月〇〇日から 〇〇〇〇年 〇〇 月〇〇日まで）			第2期	合　　　計			
			名　称	棟　数	建築面積	所要面積		棟　数	建築面積	所要面積
		土地造成				〇〇㎡				〇〇㎡
		建築物			〇〇㎡				〇〇㎡	
		小　計				〇〇㎡				〇〇㎡
		工作物								
		小　計								
		計				〇〇㎡				〇〇㎡

4 権利を設定し又は移転しようとする契約の内容	権利の種類	権利の設定・移転の別	権利の設定・移転の時期	権利の存続期間	その他
	所有権	設定　　移転	〇〇〇〇年〇〇月〇〇日	永年間	

5 資金調達についての計画	総事業費（内訳）	〇〇〇〇円	資金（内訳）	〇〇〇〇円
	建築費	〇〇〇〇円	借入金	〇〇〇〇円
	土地造成費	〇〇〇〇円	自己資金	〇〇〇〇円

6 転用することによって生ずる付近の土地・作物・家畜等の被害防除施設の概要	転用による周辺農地への被害等のおそれはありません。

7 その他参考となるべき事項	都市計画法29条1項2号該当

（平21・12・11　21経営4608・21農振1599　別紙1　様式例第4号の2）

第4章　農地転用　　91

Case19　農地に携帯電話の電波塔を設置する手続をしたい

　自己所有する市街化区域以外の農地に、携帯電話用の電波塔を建てたいという依頼がありました。この場合、農地転用の許可を得る必要はありますか。

◆チェック

| □　農地法施行規則53条14号に該当するか |
| □　農業委員会に提出する事業計画書を用意しているか |
| □　電波塔の工事に当たり事務所等を設置するか |
| □　農業振興地域の農用地区域ではないか |

解　説

1　農地法施行規則53条14号に該当するか

POINT

　認定電気通信事業者による携帯電話の電波塔への農地転用は、原則、農地転用の許可は要しません。

　農地法5条の都道府県知事等の許可を要しない農地転用として、農地法施行規則53条14号に「認定電気通信事業者が有線電気通信のための線路、空中線系（その支持物を含む。）若しくは中継施設又はこれらの施設を設置するために必要な道路若しくは索道の敷地に供するため第一号の権利を取得する場合」と規定されています。このため、認定電気通信事業者による携帯電話の電波塔への農地転用は、農地法5条の許可を得ずに、実施することが可能です。

2　農業委員会に提出する事業計画書を用意しているか

POINT

　農地法施行規則53条14号に該当する場合であっても、農業委員会への事業計画の提出が必要です。

農地法施行規則53条14号に該当する電波塔の設置を行う場合は、認定電気通信事業者は、事前に、事業計画書を農業委員会等に提出し、事業計画について説明することが必要です（平17・8・1事務連絡）。

3　電波塔の工事に当たり事務所等を設置するか

POINT

電波塔の工事に当たり事務所等の構築物を設置する場合は、農地法5条の都道府県知事等の許可が必要です。

電波塔設置に伴う変換施設、事務用社屋、訓練施設、研究施設、社員住宅、厚生施設等は農地転用許可の除外対象施設には含まれないと通知にて示されていることから（平17・8・1事務連絡）、これら構築物の設置に当たっては農地法5条の許可が必要となります。詳しくはCase17をご参照ください。

4　農業振興地域の農用地区域ではないか

POINT

農業振興地域の農用地区域には設置できません。

電波塔の設置を予定している農地が、農業振興地域の農用地区域であれば、事前に農用地区域からの除外手続が必要です。農用地区域から除外できない場合には、電波塔の設置はできません。

第4章 農地転用

【参考書式】
○事業計画書

（別紙）

事業計画書

〇〇〇〇 年〇〇月〇〇日

株式会社〇〇〇〇

1　事業の名称　　　〇〇〇〇建設事業
2　事業の目的　　　電波状況の改善を目的とした携帯電話アンテナ基地局の建設
3　事業計画の概要　携帯電話アンテナ基地局建設工事
4　計画地の概要
（1）所在（線路にあっては経過する市町村名を記載）〇〇県〇〇市〇〇番地の一部
（2）面積（概数）1,500㎡の内　300㎡

田	畑	小計	採草放牧地	その他	合計
	1,500㎡の内 300㎡	1,500㎡の内 300㎡			1,500㎡の内 300㎡

5　計画に関係する農業関係公共事業（事業ごとに記載）該当なし
（1）事業主体
（2）施行面積
（3）事業の種類
（4）施行の時期
（5）計画地に関係する面積
（6）計画地に関係する施設の種類、数量
（7）その他（開拓事業の場合にあっては、建設事業の有無、種類並びに買収、売渡
　　し及び成功検査年月日）

6　調整措置
（1）農業施設との調整措置
　　　農業用施設への影響はないため、該当なし。
（2）受益面積減による調整措置
　　　隣接する農地の地権者の了承を得ているため、該当なし。
（3）農薬散布等農作業に対する障害に関する調整措置
　　　隣接する農地の地権者の了承を得ているため、該当なし。
（4）用地提供者に対する生活再建措置を必要とする場合はその措置
　　　用地提供者と協議結果、必要なし。
7　添付図
（1）事業概要図
（2）農業関係公共事業区域図（計画地との関係を明示）

（平17・8・1事務連絡　別添　別紙）

Case20　第一種農地に営農型の太陽光発電設備を設置したい

自己所有する第一種農地（※）に、いわゆる営農型の太陽光発電設備を設置したいのですが、設置は可能でしょうか。また、どのような手続が必要でしょうか。

※第一種農地については、Case17をご参照ください。

◆チェック

□　営農型太陽光発電設備を設置するための農地転用の一時転用許可を得る準備をしているか
□　設置後は農作物の生産状況について、毎年、都道府県知事等への報告が必要
□　一時転用期間の満了後は、再度許可を得ることが必要
□　設置者と営農者が異なる場合には、設置者は営農型太陽光発電設備の下部の農地について地上権等の設定を受けなくてはならない

解　説

1　営農型太陽光発電設備を設置するための農地転用の一時転用許可を得る準備をしているか

> **POINT**
>
> 設置には、営農型太陽光発電設備の支柱部分のみの一時転用許可が必要です。

営農型太陽光発電設備の設置については「支柱を立てて営農を継続する太陽光発電設備等についての農地転用許可制度上の取扱いについて」（平30・5・15　30農振78）において、農用地区域や第一種農地において設置が可能であると示されています。

設置には、その支柱部分の農地を一時転用する農地法4条又は5条の都道府県知事等の許可を要し（Case17参照）、通常とは異なる下記の許可要件の全てを満たすことが必要です。

① 　一時転用期間が3年以内又は10年以内であること（下記別表参照）

② 　簡易な構造で容易に撤去できる支柱として面積が最小限度であること

③　下部の農地における営農の適切な継続が確実で、日照量を保つ設計となっており、農作業に必要な農業機械等を効率的に利用して営農するための空間が確保されていること

④　農用地区域内における農用地の集団化や農作業の効率化等の利用に支障を及ぼすこと等がないこと

⑤　営農型発電設備を撤去するのに必要な資力や信用があること

⑥　電気事業者と契約を締結する見込みがあること

<一時転用期間に関する別表>

区　　分		期　　間
(1)	次のア〜エの農業者等（食料・農業・農村基本計画第3・2(1)）が自ら所有する農地又は借り受けている農地等で設置する場合	10年以内
	ア　他産業従事者並みの労働時間・生涯所得を確保し得る効率的・安定的な農業経営	
	イ　認定農業者（農経基盤12①）	
	ウ　認定新規就農者（農経基盤14の4①）	
	エ　法人化し認定農業者になる見込みの集落営農	
(2)	荒廃農地（平20・4・15　19農振2125）に設置する場合	
(3)	第二種農地又は第三種農地に設置する場合（Case17参照）	
(4)	(1)〜(3)以外の場合	3年以内

2　設置後は農作物の生産状況について、毎年、都道府県知事等への報告が必要

POINT

設置後、毎年2月末までに農作物の生育状況及び収量などを都道府県知事等に報告することが必要です。

報告の結果、営農が行われていない、下部の農地における単収が同じ年の地域の平均的な単収と比較しておおむね2割以上減少している、下部の農地において生産された農作物の品質に著しい劣化が生じている（平30・5・15　30農振78）、農作業に必要な農

業機械等を効率的に利用することが困難である場合等は、都道府県知事等より改善措置の指導が行われ、改善が見られない場合は、許可の取消し等の措置がされます。

3 一時転用期間の満了後は、再度許可を得ることが必要

> **POINT**
>
> 一時転用期間の満了後は、再度許可申請が必要であり、許可要件を満たしているとともに、転用期間中の営農状況等も勘案され、許可の可否が判断されます。

再度の許可申請時には、上記の許可要件とともに、転用期間中の報告の有無や営農の適切な継続が確保されていたか等も勘案され、許可の可否が判断されることとなります。

4 設置者と営農者が異なる場合には、設置者は営農型太陽光発電設備の下部の農地について地上権等の設定を受けなくてはならない

> **POINT**
>
> 地上権等の設定を受けるためには、農地法3条の許可を得ることが必要です。

設置者と営農者が異なる場合には、設置者は農地所有者から営農型太陽光発電設備の下部の農地について地上権等の設定を受ける必要があります（平30・5・15 30農振78）。

地上権等の設定には、農地法3条の許可を得ることが必要であり（Case 6 参照）、その権利設定の時期及び期間を、農地転用の一時転用許可と同じにすることが必要です。

【参考書式】
○農地法第4条第1項の規定による許可申請書

様式例第4号の1

農地法第４条第１項の規定による許可申請書

平成〇〇年〇〇月〇〇日

都道府県知事
市町村長　　　　　殿

申請者　氏名　　〇〇〇〇　　印

下記のとおり農地を転用したいので、農地法第４条第１項の規定により許可を申請します。

記

1 申請者の住所等	住　所					職　業
	〇〇 都道府県	〇〇 郡市	〇〇 町村	〇〇 番地		農業

2 許可を受けようとする土地の所在等	土地の所在	地　番	地目		面積	利用状況	10 a 当たり普通収穫高	耕作者の氏　名	市街化区域・市街化調整区域・その他の区域の別
			登記簿	現況					
	〇〇 郡市町村	〇〇	畑	畑	〇〇㎡	普通畑		〇〇〇〇	市街化調整区域
	計　　〇〇㎡（田　　　　㎡、畑　　〇〇㎡）								

3 転用計画	(1)転用事由の詳細	用　途		営農型太陽光発電設備	事由の詳細	営農型太陽光発電設備の支柱部分の一時転用				

(2)事業の操業期間又は施設の利用期間　〇〇〇〇年 〇〇 月 〇〇 日から　　〇 年間

(3)転用の時期及び転用の目的に係る事業又は施設の概要	工事計画	第１期(着工〇〇〇〇年〇〇月〇〇日から 〇〇〇〇年〇〇月〇〇日まで)				第２期	合　　計		
		名　称	棟　数	建築面積	所要面積		棟　数	建築面積	所要面積
	土地造成				〇〇㎡				〇〇㎡
	建築物			㎡				㎡	
	小　計				〇〇㎡				〇〇㎡
	工作物				〇〇㎡				〇〇㎡
	小　計				〇〇㎡				〇〇㎡
	計				〇〇㎡				〇〇㎡

4 資金調達についての計画	総事業費　〇〇〇〇円　　　　　資金　　〇〇〇〇円 （内訳）　　　　　　　　　　　（内訳） 設備設置経費　〇〇〇〇円　　　自己資金　〇〇〇〇円 土地造成費　〇〇〇〇円
5 転用することによって生ずる付近の土地・作物・家畜等の被害防除施設の概要	周辺農地への影響はありません。
6 その他参考となるべき事項	都市計画法の開発許可を要しない農地転用です。

（平21・12・11　21経営4608・21農振1599　別紙1　様式例第4号の1）

98　　　　　　　　第４章　農地転用

○営農型発電設備の下部の農地における営農計画書及び当該農地における営農への影響の見込み書

(別紙様式例第１号)

営農型発電設備の下部の農地における営農計画書
及び当該農地における営農への影響の見込み書

作成年月日　　平成○○年○○月○○日

営農者　氏名　○○○○
　　　　住所　○○県○○市○○町○－○

設置者　氏名　同上
　　　　住所　同上

土　地　所在・地番　○○県○○市○○町○－○

1．営農型発電設備の設置を計画している農地等の概要

	総面積（㎡）	田	畑	樹園地
営農型発電設備の下部の農地面積	200		200	
上記の農地と一体として営農を行う農地面積	500		500	
合　計	700		700	

(記載要領)
　・「営農型発電設備の下部の農地面積」は、当該設備の直下の農地及び当該設備により日陰が生じる農地の面積を記入してください。当該設備の直下の農地とは、当該設備の水平投影面積をいいます。また、当該設備により日陰が生じる農地とは、原則、夏至日の南中高度により生じる日陰が及ぶ農地をいいます。
　　なお、当該設備により日陰が生じる農地の面積が明らかではない場合には、当該設備の直下の農地面積のみを記載してください。
　・「上記の農地と一体として営農を行う農地面積」とは、営農型発電設備の下部の農地の存する一区画の農地のうち、下部の農地と一体的に営農を行う農地をいいます。

2．営農型発電設備を計画している農地の営農計画

(1) 下部の農地における営農者の属性

営農者の属性	該当（○）
ア　効率的かつ安定的な農業経営（※１）	
イ　認定農業者（※２）	○
ウ　認定新規就農者（※３）	
エ　将来法人化にして認定農業者になることが見込まれる集落営農	
オ　アからエ以外の者	

※１　主たる従事者が他産業従事者と同等の年間労働時間で地域における他産業従事者とそん色ない水準の生涯所得を確保し得る経営
※２　農業経営基盤強化促進法（昭和55年法律第65号）第12条第1項に規定する農業経営改善計画の認定を受けた者
※３　農業経営基盤強化促進法第14条の４第１項に規定する青年等就農計画の認定を受けた者

（2）下部の農地における作付予定作物及び作付面積

	作付予定作物名	作付面積（㎡）
1年目	みょうが	100
	ふき	100
2年目	みょうが	100
	ふき	100
3年目	みょうが	100
	ふき	100
4年目	みょうが	100
	ふき	100
5年目	みょうが	100
	ふき	100
6年目	みょうが	100
	ふき	100
7年目	みょうが	100
	ふき	100
8年目	みょうが	100
	ふき	100
9年目	みょうが	100
	ふき	100
10年目	みょうが	100
	ふき	100

（記載要領）
- 「作付面積」は、営農型発電設備の下部の農地面積を記載してください。
- 各年の「作付面積」の合計は、通常、1に記載した「営農型発電設備の下部の農地面積」と一致します。

（3）営農に必要な農作業の期間

月／作付予定作物名	1	2	3	4	5	6	7	8	9	10	11	12
1年目 みょうが			植付・施肥				施肥		収穫			
1年目 ふき				定植		施肥		施肥				
2年目 みょうが			植付・施肥			施肥	収穫					
2年目 ふき			定植・施肥・収穫					施肥				
3年目 みょうが			植付・施肥			施肥	収穫					
3年目 ふき			定植・施肥・収穫					施肥				
4年目 みょうが			植付・施肥			施肥	収穫					
4年目 ふき			定植・施肥・収穫					施肥				
5年目 みょうが			植付・施肥			施肥	収穫					
5年目 ふき			定植・施肥・収穫					施肥				

6年目	みょうが		植付・施肥			施肥	収穫					
	ふき		定植・施肥・収穫						施肥			
7年目	みょうが		植付・施肥			施肥	収穫					
	ふき		定植・施肥・収穫						施肥			
8年目	みょうが		植付・施肥			施肥	収穫					
	ふき		定植・施肥・収穫						施肥			
9年目	みょうが		植付・施肥			施肥	収穫					
	ふき		定植・施肥・収穫						施肥			
10年目	みょうが		植付・施肥			施肥		収穫				
	ふき		定植・施肥・収穫						施肥			

(記載要領)

- 作物ごとに栽培期間と代表的な作業の種別を記載してください。

(4) 利用する農業機械

農業機械名	数量	所有・リースの別 （導入予定の場合 にはその旨）	寸法（cm） （全長、全幅、全高）	備考
耕耘機	1	所有	全長　156 全幅　　63 全高　110	

(記載要領)

- 機械出力・寸法については、カタログの写しの添付でも可。
- なお、許可の可否は、作付する農作物の栽培を効率的に行う上で、通常必要となる農業用機械を想定して判断することになりますので、御留意ください。

(5) 農作業に従事する者の農作業経験等の状況

農作業経験等 （農作業歴）	左のうち作付予定作物の農作業歴
30年	5年

(記載要領)

- 「農作業経験等（農作業歴）」及び「左のうち作付予定作物の農作業歴」については、農作業歴がある場合にはその年数を記載してください。また、農作業歴がない場合には、「なし」と記載ください。

第4章　農地転用　　　101

3. 営農への影響の見込み
(1) 生育に適した日照量の確保

作付予定作物	生育に適した条件等（日照特性等）及び設計上生育に支障が生じない理由
みょうが	乾燥に弱く、日差しが強いと葉焼けを起こすので、日陰が適している。
ふき	乾燥、強い日差し、暑さに弱いため、日陰が適している。

(記載要領)
- 作付予定作物に係る生育に適した条件（陽性、半陰性、陰性等の日照特性等）を記載するとともに、営農型発電設備の設計（遮光率等）が農作物の生育に適した日照量が確保され、生育に支障を与えないとする理由を具体的に記載してください。

(2) 効率的な農作業の実施
ア　支柱

高さ（m）		間隔（m）
最低地上高： 2	最高地上高： 2.5	5

イ　農作業を効率的に行う上で通常必要となる空間の確保について

耕耘機の各寸法と身長から見て、十分な支柱の高さ及び間隔を確保している。

(記載要領)
- 営農型発電設備の支柱の高さ及び間隔、2の(4)に記載した農業機械の機械寸法等を踏まえ、当該設備の設計が農作業を効率的に行う上で通常必要となる空間が確保されていると判断している理由を具体的に記載してください。
- なお、許可の可否は、作付する農作物の栽培を効率的に行う上で、通常必要となる農業用機械を想定して判断することになりますので、御留意ください。

(3) 下部の農地の単収

作付予定作物	単収見込み（A）(kg/10a)	地域の平均的な単収（B）(kg/10a)	単収の増減見込み（A／B×100（%））	地域の平均的な単収の根拠
みょうが	920	920	100	○○統計調査
ふき	2,000	2,000	100	○○統計調査

(記載要領)
- 「単収見込み」は、2の(2)の「第1年目」の単収見込みを記載してください。
- 「地域の平均的な単収」は、原則として市町村の統計等を用いてください。なお、地域の平均的な単収が存在しない作物を生産する場合には、自然条件に類似性のある他地域の平均的な単収を記載してください。
- 「地域の平均的な単収の根拠」は、統計調査名や比較対象とした地域等を記載ください。なお、統計調査以外の内容を記載する場合には、比較対象として適切であると判断した理由を具体的に記載してください。

(平30・5・15　30農振78　別紙様式例第1号)

○営農型発電設備の下部の農地における農作物の状況報告

(別紙様式例第4号)

営農型発電設備の下部の農地における農作物の状況報告

平成 ○○ 年 ○○ 月 ○○ 日

○○○知事　様
（○○○農業委員会経由）

住所　○○県○○市○○町○−○
氏名　○○○○　　　　　　　印

　平成○○年○○月○○日付け○○○○第○○○号で農地法第　　条第1項の許可を受けた農地に係る営農型発電設備の下部の農地において生産された農作物に係る状況について、下記のとおり報告します。

記

1　許可を受けた土地等の所在及び面積等

所在及び地番	面積
○○市○○町○○番地	0.1 ㎡ （　200　㎡）

2　営農型発電設備の下部の農地における営農者の氏名等

氏　名	備　考
○○○○	

3　営農型発電設備の下部の農地における単収等

作付作物	作付面積 （㎡）	単収 （kg/10a）	地域の平均的な単収 （kg/10a）	品質 （等級、糖度等）	遮光率	備　考
みょうが	100	920	920	良	50%	出荷量　90kg 売上高14万円
ふき	100	2,000	2,000	良	50%	出荷量 190kg 売上高　4万円

- -

（上記記載について知見を有する者の所見）

所見（具体的に記載してください。） 　上記記載の農地においては、適正に耕作されています。 　　　　　　　　　　　　　　　　確認年月日　　平成○○年○○月○○日

知見を有する者　　所属　　　○○農業委員会
役職・氏名　会長　○○○○
連絡先　　　○○○−○○○−○○○○
（○○農業委員会事務局）

（平30・5・15　30農振78　別紙様式例第4号）

第4章　農地転用　　103

Case21　農地転用に当たらない農作物栽培高度化施設を借り受けている農地に設置したい

　新たにトマトの養液栽培に取り組むため、農業経営基盤強化促進法の利用権の設定により借り受けている農地に、コンクリート敷きの農業用施設（農業用ハウス）を建てることを考えています。

　農地の所有者の了承を得たのですが、所有者からは、将来、当該農地の相続人が相続税納税猶予制度の適用を受けられるよう、その農業用施設を農地転用に当たらない農作物栽培高度化施設（※）とするよう依頼されました。

　農作物栽培高度化施設の要件と、設置するに当たっての農地法上の手続について教えてください。

※農作物栽培高度化施設は、2018年11月16日の農地法の一部改正の施行により規定された農地として取り扱う農業用施設等をいいます。

◆チェック

□　農業用施設を設置する土地の現況は農地であるか
□　農作物栽培高度化施設の要件を満たすか
□　借り受けている農地に設置する場合、農地の権利者の同意を得ているか
□　農作物栽培高度化施設での営農計画は作成しているか
□　受理通知書交付前に設置行為に着手しないこと
□　施設を設置したときには、農作物栽培高度化施設であることの標識を設置する
□　設置した施設で農作物の栽培が行われない等のときは違反転用等の扱いとなる
□　農作物栽培高度化施設について、相続税等納税猶予制度の適用を受けようとするときは、適格者証明書に農業委員会の発行する証明書を添付する

解　説

1　農業用施設を設置する土地の現況は農地であるか

POINT

　既に底面をコンクリート敷き等にしている農業用施設は農作物栽培高度化施設の対象とはなりません。

　農地に農作物栽培高度化施設を設置しようとするときは、事前に農業委員会に農地法43条1項の規定による届出（以下、「届出」といいます。）を行う必要があります（農地43①）。

　したがって、過去に農地転用等をし、既に設置されている農業用施設は、たとえ農作物栽培高度化施設の要件を満たしているものであっても、農地法43条2項に規定する農作物栽培高度化施設には該当しないことになります。

2　農作物栽培高度化施設の要件を満たすか

POINT

　農作物栽培高度化施設は高さの基準、日影の基準といった法令上の要件を満たす施設でなければなりません。

　農作物栽培高度化施設に該当するためには下記の要件を全て満たすことが必要です。
① 　専ら農作物の栽培の用に供する施設であること（農地則88の3一）
② 　周辺の農地に係る日照に影響を及ぼすおそれがないものとして、以下のものであること（農地則88の3二イ、平30・11・16農水告2551、平30・11・20　30経営1796　第2・2(1)）
　ア 　棟高8m以内、軒高6m以内であること
　イ 　階数が1階建てであること
　ウ 　透過性のない被覆材で覆う農業用施設であるときは、春分の日及び秋分の日の午前8時から午後4時までの間に周辺農地に2時間以上の日影を生じさせないものであること

第4章　農地転用

＜「高さ」の基準＞

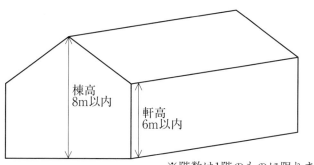

棟高が8m以内、軒高が6m以内（おおむね30cm以下の基礎を施工する場合は、その基礎の上部からそれぞれ8m以内、6m以内）

（農林水産省ウェブサイトをもとに作成）

＜日影の基準（屋根又は壁面を透過性のないもので覆う場合）＞

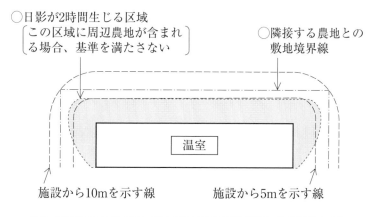

施設の軒の高さ	敷地境界線から当該施設までの距離
2m以内	2m
2m超え　3m以内	2.5m
3m超え　4m以内	3.5m
4m超え　5m以内	4m
5m超え　6m以内	5m

（農林水産省ウェブサイトをもとに作成）

③　施設から排水する場合は当該放流先の管理者の同意があること（【参考書式】排水放流同意書参照）（農地則88の3ニロ）

④　周辺農地に係る営農環境に著しい支障が生じないように必要な措置が講じられていること（農地則88の3ニロ）

　例：土砂の流出による周辺農地への影響が想定される場合は、それを防止する擁壁を設置することなど

　また、周辺農地に著しい支障が生じた場合には適切な是正措置を講ずる旨の同意書を提出すること（平30・11・20　30経営1796　第2・2(2)）

⑤　農業用施設の設置に必要な行政庁の許認可等を受けていること又は受ける見込みであること（農地則88の3三）

　例：都市計画法に基づく開発許可・建築基準法に基づく建築確認申請等

3　借り受けている農地に設置する場合、農地の権利者の同意を得ているか

> **POINT**
> 　農作物栽培高度化施設の設置に当たり、農地の所有権を有する者全ての同意が必要です。

　借り受けている農地に農作物栽培高度化施設を設置しようとするときは、当該農地の所有権を有する者の同意が必要になります（農地則88の3五）。

　該当の場合、農業委員会への届出の際に同意書を添付します（平30・11・20　30経営1796　第3・1(2)）。

4　農作物栽培高度化施設での営農計画は作成しているか

> **POINT**
> 　農業委員会に提出する届出書に設置する施設での営農計画書を添付します。

　当該施設が「専ら農作物の栽培の用に供されるものであることを担保する」ため、農業委員会に提出する届出書にその施設での営農計画書を添付します（平30・11・20　30経営1796　第2・1(2)）。

5　受理通知書交付前に設置行為に着手しないこと

> **POINT**
> 　農業委員会に届出書を提出し、受理通知書が交付されるまでは設置行為に着手してはいけません。

第4章　農地転用　　107

　農業委員会に届出をし、受理通知書が交付されるまでは、農作物栽培高度化施設の設置行為に着手することはできません。なお、農業委員会は、届出書の到達があった日から2週間以内に届出者に受理書が到達するよう事務処理を進めることとなっています（平30・11・20　30経営1796　第3・2(5)(6)）。

6　施設を設置したときには、農作物栽培高度化施設であることの標識を設置する

POINT

　農業用施設を設置したときは、農作物栽培高度化施設であることを明らかにするために通知等に定められた標識を設置しなくてはなりません。

　設置しなくてはいけない標識には、以下のような要件があります（農地則88の3四、平30・11・20　30経営1796　第2・4）。

①　敷地に設置されている施設が農作物栽培高度化施設であることを表示すること
②　耐久性を持つ素材で作成されたものであり、敷地外から目視によって記載されている内容を確認できる大きさの標識であること

7　設置した施設で農作物の栽培が行われない等のときは違反転用等の扱いとなる

POINT

　農業委員会が実施する農地利用状況調査等により農作物栽培高度化施設が適正に利用されていないことが明らかとなった場合は違反転用等の扱いとなります。

　①当該施設で農作物の栽培が行われていない、②農作物の栽培を行う面積が、当該営農計画書に記載されたものからおおむね2割以上縮小している等の場合は、農業委員会が勧告（農地44）等をし、一定期間（6か月以内）後も、改善されない場合は、疾病等一時的に耕作ができない等のやむを得ない場合を除き、違反転用等の扱いとなります（平30・11・20　30経営1796　第4・2）。

　なお、農作物栽培高度化施設を設置した後に、当該施設内の営農計画を変更する場合は、改めて農業委員会に営農計画書を提出します。

8 農作物栽培高度化施設について、相続税等納税猶予制度の適用を受けようとするときは、適格者証明書に農業委員会の発行する証明書を添付する

POINT

農作物栽培高度化施設は相続税等納税猶予制度の適用を受けることができます。

農作物栽培高度化施設は、相続税等納税猶予制度の適用を受けることができます。

制度の適用を受けるときは、適格者証明書（Case32・35参照）に農業委員会が発行する農作物栽培高度化施設の用に供されているものである旨の証明書を添付します。

【参考書式】
○農地法第43条第1項の規定による届出書

様式例第 1 号

農地法第43条第 1 項の規定による届出書
（農作物栽培高度化施設の底面をコンクリート等で覆うための届出）

令和○○年○○月○○日

○○市 農業委員会会長　殿

住所 ○○県○○市○○町○－○
氏名 ○○○○　　　　　　印

　下記のとおり農地に農作物栽培高度化施設を設置し、その底面をコンクリート等で覆いたいので、農地法第43条第 1 項の規定により届け出ます。

記

1　届出者の住所	○○県○○市○○町○－○									
2　土地の所在等	土地の所在	地 番	地 目		面 積	土地所有者		耕 作 者		
			登記簿	現 況		氏 名	住 所	氏 名	住 所	
	○○県○○市○○町	○○番地	畑	畑	2,200㎡	○○○○	○○県○○市○○町○－○	○○○○	○○県○○市○○町○－○	
					㎡					
	計		2,200 ㎡（田　　　　㎡　畑　　2,200 ㎡）							
3　施設の面積等	施設の面積等	施設の面積	858 ㎡							
		施設の棟高	6 m							
		施設の軒高	4 m							
		周辺農地から施設までの距離	東側の農地からの距離				20 m			
			西側の農地からの距離				20 m			
			北側の農地からの距離				10 m			
			南側の農地からの距離				3 m			
		施設の被覆材	素材の名称	ポリオレフィン系フィルム						
			光を透過する素材か	透過する ・ 透過しない						
		施設の構造	鉄骨パイプハウス			（階数： 1 階　）				
	施設の設置に係る工事の時期等	工事着工時期	○○○○年　○○月							
		工事完了時期	○○○○年　○○月							
		栽培開始時期	○○○○年　○○月							
4　施設を設置することによって生ずる周辺農地への被害の防除措置の概要	日照や騒音等の影響がないよう、対策として、隣接する農地との一定の距離をとり施設を設置する。また、排水溝を設置し、土砂や水の流出を防ぐ処置を施す。台風などの自然災害時に施設が倒壊等をし、施設の一部が他の農地に侵入しないよう、パイプを一般的な基準より強固なものとする対策を施す。									
5　施設の設置に必要な行政庁の許認可等	許認可等の名称	―		―		―				
	許認可等の申請の有無	―		―		―				
	許認可等の時期	―		―		―				
	許認可等の担当部局	―		―		―				

6　届出に当たり同意する事項	☑　私は、届出に係る施設において農作物の栽培が行われていない場合や、農作物の栽培が適正に行われていないと認められる場合において、農業委員会からその是正について指導を受けたときは、施設の改築その他の適切な是正措置を講ずることについて同意します。 ☑　私は、届出に係る施設の設置によって周辺農地に係る日照に影響を及ぼす場合や、当該施設から生ずる排水の放流先の機能に支障を及ぼす場合など、周辺農地に係る営農条件に支障が生じた場合において、農業委員会からその是正について指導を受けたときは、適切な是正措置を講ずることについて同意します。
7　法人の場合業務の内容	
8　備考	

（平30・11・20　30経営1796　様式例第1号）

第4章　農地転用　　111

○農地法施行規則第88条の2第2項第5号に規定する営農に関する計画

様式例第2号

農地法施行規則第88条の2第2項第5号に規定する営農に関する計画

令和○○年○○月○○日

1　届出に係る土地の所在等

土地の所在	地番	面積
○○県○○市○○町	○○番地	2,200 ㎡
		㎡
計		2,200 ㎡

2　施設における営農に関する計画等

(1) 施設内において栽培する農作物の作目及び栽培方法	作目	中玉トマト											
	栽培方法	環境制御による養液栽培											
	栽培面積	734 ㎡											
(2) 施設内で栽培する農作物の生産量及び販売量	年間生産量	80 t											
	年間販売量	60 t											
	主たる販売先	市場80％・量販店15％・直売所5％											
(3) 年間の農作物の栽培計画	月	1月	2月	3月	4月	5月	6月	7月	8月	9月	10月	11月	12月
	内容	収穫 管理 販売 →										収穫 管理 販売 →	

(4) 施設の設置に係る資金調達の計画	自己資金	補助金	その他	合計	補助事業の名称及び担当部局
	5,000 千円	千円	12,000 千円	17,000 千円	

(5) 施設の排水を排出する河川等	河川等の名称	○○河川
	河川等管理者	○○用排水路管理者　○○○○

（平30・11・20　30経営1796　様式例第2号）

○同意書

様式例第3号

同　意　書

令和○○年○○月○○日

住所　○○県○○市○○町○-○

氏名　○○○○　　　　　　印

　私は、所有権又は使用及び収益を目的とする権利を有する土地に、農地法第43条第1項に規定される農作物栽培高度化施設が設置されることについて、下記のとおり同意します。

記

1　届出に係る土地の所在等

土地の所在	地　番	面　積	権利の種類
○○県○○市○○町	○○番地	2,200 ㎡	賃借権
		㎡	
計		2,200 ㎡	

2　届出に当たり同意する事項

　　私は、届出に係る土地に農地法第43条第1項に規定する農作物栽培高度化施設が設置されることについて、以下の【留意事項】を承知した上で、同意します。

【留意事項】以下の記載事項を確認した上で、□をチェックしてください。

☑①　農作物栽培高度化施設が設置された後、当該施設において農作物の栽培が行われないことが確実となった場合、当該土地は違反転用状態になるとともに、当該土地の所有者においては、法第2条の2の規定に基づき、農地の農業上の適正かつ効率的な利用を確保するようにしなければならないこと、また、遊休農地に関する措置の対象になり得ること。

☑②　①に関して、賃借人が撤退した場合の混乱を防止するため、
　ア　土地を明け渡す際の原状回復の義務は誰にあるか
　イ　原状回復の費用は誰が負担するか
　ウ　原状回復がなされないときの損害賠償の取り決めがあるか
　エ　貸借期間の中途の契約終了時における違約金支払いの取り決めがあるか
について、土地の賃貸借契約において明記することが適当であること。

（記載要領）

1　氏名（法人にあってはその代表者の氏名）を自署する場合には、押印を省略することができます。

（平30・11・20　30経営1796　様式例第3号）

○排水放流同意書

排水放流同意書

令和〇〇年〇〇月〇〇日

〇〇河川・〇〇用排水路管理者
〇〇〇〇　　様

　　　　　　　申　請　者　　住　所　〇〇県〇〇市〇〇町〇-〇
　　　　　　　　　　　　　　氏　名　〇〇〇〇　　　　印

　農地法第４３条第２項に規定する農作物栽培高度化施設の設置に伴い発生する汚水及び排水を下記放流先に放流することについて、同意願いたく申請いたします。
　今回の排水放流により放流先の機能に支障を及ぼさず、その他周辺の農地に係る営農条件に支障が生じないように致します。

　申請地　〇〇市

　放流先　〇〇河川・〇〇用排水路

　上記の排水放流について同意します。

〇〇河川・〇〇用排水路管理者

〇〇〇〇　印

114　　　　第4章　農地転用

○農作物栽培高度化施設の用に供されているものである旨の証明書（贈与税納税猶予制度の適用を受ける場合）

様式2号（第2の1の(1)関係）

農作物栽培高度化施設の用に供されているものである旨の証明書

証　明　願

〇〇〇〇年〇〇月〇〇日

〇〇市　農業委員会長　殿

住所　〇〇県〇〇市〇〇町〇－〇
氏名　〇〇〇〇　　　　　　印

租税特別措置法施行規則

第23条の7第3項第6号イ
第23条の7第20項第3号
第23条の7第23項第2号
第23条の7第24項第2号
第23条の7第25項第2号
第23条の7第42項第2号
第23条の8第3項第8号イ
第23条の8第15項において準用する第23条の7第20項第3号
第23条の8第18項において準用する第23条の7第23項第2号
第23条の8第19項において準用する第23条の7第24項第2号
第23条の8第20項において準用する第23条の7第25項第2号
第23条の8第32項第2号

の

規定により、下記の土地が、農地法第43条第2項に規定する農作物栽培高度化施設の用に供されているものであることを証明願います。

農作物栽培高度化施設の用に供されている土地の明細

所　在　地　番	地　目	面　積	農地法第43条第1項の規定による届出の受理通知日
〇〇市〇〇町〇〇〇	畑	1,980㎡	〇〇〇〇年〇〇月〇〇日

第〇〇号
　上記の土地が、農地法第43条第2項に規定する農作物栽培高度化施設の用に供されているものであることを証明する。

〇〇〇〇　年〇〇月〇〇日

〇〇市　農業委員会長〇〇〇〇　印

（昭51・7・7　51構改B1254　様式2号）

第 4 章　農地転用　　115

Case22　競売に入札をし市街化区域の農地を転用目的で取得したい

　現在、家族で住んでいる借家の近くの農地（市街化区域）が競売に出ていました。

　この農地を取得し、自己住宅用地にしたいと考えていますが、農業者でない者でも転用目的であれば市街化区域の農地を競売にて取得することは可能だと聞いたのですが、競売に入札するに当たって、どのような農地法上の手続を行えばよいのでしょうか。

◆チェック

□　競売に参加するためには買受適格者証明書を得ることが必要
□　競売の農地は生産緑地の指定を受けていないか
□　農地の落札後は改めて農業委員会に農地法5条の届出を行う

解　説

1　競売に参加するためには買受適格者証明書を得ることが必要

POINT

　農地の競売に入札するためには、農業委員会が発行する買受適格者証明書が必要となります。また、買受適格者証明書の申請には、農地法5条の届出書等を添付します。

　農地の競売に入札する者は、事前に農業委員会より適格者証明書を得て、競売に入札することが必要です（平28・3・30　27経営3195・27農振2146）。

　市街化区域の農地を転用目的で所有権を取得するための農地法5条の届出は、Case16にあるとおり、農地法5条の届出を農業委員会にするのみの手続となりますが、競売においては買受適格者証明書を添付することは例外とされていません。

　適格者証明書の様式は、特に定められたものはなく、各農業委員会が定めた様式になります。適格者証明書には、必要事項を記載した農地法5条の届出書等を添付します。

2 競売の農地は生産緑地の指定を受けていないか

> **POINT**
>
> 生産緑地では住宅用地等への転用を制限しています。

　市街化区域の農地には、生産緑地に指定されている農地があり、生産緑地では行為制限があり、農業用施設等以外への転用行為はできません。

　このため、競売の農地が生産緑地の指定を受けているときは、自己住宅等の転用目的での入札はできないと解せます。

　生産緑地の指定を受けている農地の競売には、原則、農地法3条に係る買受適格者証明書が必要となります（Case 8 参照）。

3 農地の落札後は改めて農業委員会に農地法5条の届出を行う

> **POINT**
>
> 農地を落札した後は、再度農業委員会に農地法5条の届出をし、受理通知書の交付を受ける必要があります。

　農地の競売に当たって、農業委員会は、複数の者に適格者証明書を発行することがあります。そのため、落札した者は、原則、落札後、改めて、農業委員会に農地法5条の届出をし、受理通知書を得て、所有権移転の登記をします。

【参考書式】
○農地の買受適格者証明願

農地の買受適格者証明願

○○○○年○○月○○日

○○市　農業委員会長　様

願出人　○○○○　　　　印
住所　　○○県○○市○○町○－○

次の農地の競売に参加したいので農地の買受適格者であることを証明願います。

競売裁判所名	○○○○裁判所
事 件 番 号	○○○○○○○○
競 売 期 日	○○○○年○○月○○日

願出人

氏　名	年齢	職業	住　　所
○○○○	○○	会社員	○○県○○市○○町○－○

買い受けしようとする土地の表示、状況等

土地の所在地	地目	現況	面　積	利用状況
○○県○○市○○町○○番	畑	畑	○○○㎡	大豆を作付けしていた

農地の所有者

氏　名	住　　　　　所
○○○○	○○県○○市○○町○－○

農地の耕作者

氏　名	住　　　　　所
○○○○	○○県○○市○○町○－○

農地法5条1項6号の規定による届出をする場合の内容は、別添届出書様式に記載のとおり。

　願出人は、上記競売農地の買受適格者であることを証明する

○○○○年○○月○○日

○○市農業委員会長　○○○○

※添付書類として、農地法第5条第1項第6号の規定による農地転用届出書を添付します（①「1　当事者の住所等」の「譲受人」、②「4　転用計画」、③「5　転用することによって生ずる付近の農地、作物等の被害の防除施設の概要」の欄は無記入とします。）（Case16参照）。

第 5 章

市民農園

120

第5章　市民農園　　121

Case23　市が開設する市民農園の用地として畑を貸したい

　自分が所有をし耕作している市街化区域の畑を市に市民農園の用地として貸すことにしました。留意することはありますか。

◆チェック

□　農地は生産緑地に指定されていないか
□　農地は相続税納税猶予制度の適用を受けていないか

解　説

1　農地は生産緑地に指定されていないか

POINT

　生産緑地に市民農園を開設するときは、所有者が当該市民農園に関わる農作業等に一定程度従事することが望ましいとされています。

　市民農園の用地として貸借する農地が生産緑地の指定を受けているときには、相続時に備え、当該生産緑地で農地所有者が一定程度の農作業に従事することが望まれます。

　そのために、開設主体である市町村及び農業委員会に農作業等の従事計画（【参考書式】市民農園用地として貸し付けた生産緑地における農作業等従事計画参照）を提出し、実際に従事をし、記録を残すことが肝要です。

2　農地は相続税納税猶予制度の適用を受けていないか

POINT

　相続税納税猶予制度適用農地に市民農園を開設し、期限の確定（打切り）とならない農地は、原則、生産緑地のみとなります。

　相続税納税猶予制度の適用を受けている生産緑地に市民農園を開設したときは、管轄の税務署に届出を行います。

2018年9月1日より、相続税納税猶予制度の適用を受けている生産緑地に特定農地貸付法等に基づく市民農園を開設した場合も制度が継続されることになりました（租特70の6の4）。

原則、生産緑地以外の相続税納税猶予制度適用農地に市民農園を開設したときは、期限の確定（打切り）となるので注意が必要です。

相続税納税猶予制度の適用を受けている生産緑地に市民農園を開設したときは、ケースにより、市町村若しくは農業委員会（本ケースでは農業委員会）による証明を受け、税務署に届出を行います。

＜特定農地貸付法の規定に基づき市町村が市民農園を開設するための手続フロー＞

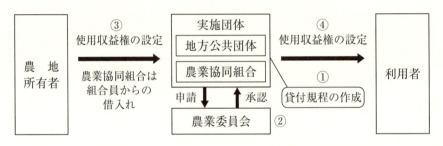

（農林水産省ウェブサイトをもとに作成）

特定農地貸付法の規定に基づき、市民農園の開設主体である市町村は、貸付規程を作成し、農業委員会の承認を得て、農地所有者と貸借の契約をし、市民農園を開設します（特定農地貸付3①）。

【参考書式】
〇市民農園用地として貸し付けた生産緑地における農作業等従事計画

令和〇〇 年 〇〇 月 〇〇 日

〇〇市長　　　　　様
〇〇市農業委員会長　様

市民農園用地として貸し付けた生産緑地地区における農作業等従事計画

住所　〇〇県〇〇市〇〇町〇－〇
氏名　〇〇〇〇　　　　印

市民農園用地として貸し付けた生産緑地地区における農作業等の業務に従事する計画は下記のとおりです。

1. 市民農園利用者に栽培技術・農作物等の助言
2. 市民農園の見回り・環境の整備
3. 周辺住民からの相談対応
4. 収穫祭等交流会への参加
5. その他本市民農園の管理等に関わる事項
   以上の農作業等の業務に年間40日以上従事する。

○農園用地貸付けを行った旨の証明書

様式22号（第２の１の(36)関係）

農園用地貸付けを行った旨の証明書

証　明　願

〇〇〇〇　年〇〇月〇〇日

〇〇市農業委員会長　殿

申請者　　住所〇〇県〇〇市〇〇町〇－〇
氏名〇〇〇〇　　　　印

　私は、租税特別措置法第70条の６の４第１項の規定の適用を受けるため、特定農地貸付けに関する農地法等の特例に関する法律（以下「特定農地貸付法」という。）第３条第３項の承認（都市農地の貸借の円滑化に関する法律第11条において準用する特定農地貸付法第３条第３項の承認を含む。）を受けた下記の農地について、農園用地貸付けを行ったこと及び当該農園用地貸付けが租税特別措置法第70条の６の４第２項第３号ロに掲げるものである場合は、当該承認の申請書に同号ロに規定する貸付協定が添付されたものであることを証明願います。

記

所 在 地 番	地　目	面　積	租税特別措置法第70条の６の４第２項第３号イからロの該当状況（該当項目に○を記入）		
			イ	ロ	ハ
〇〇市〇〇町〇〇番	畑	2,980 ㎡	○		

承認年月日	貸付けを行った年月日
〇〇〇〇 年 〇〇 月 〇〇 日	〇〇〇〇 年 〇〇 月 〇〇 日

第 〇〇 号

　上記のとおり相違ないことを証明する。

〇〇〇〇 年 〇〇 月 〇〇 日
〇〇市農業委員会長 〇〇〇〇　　印

（昭51・7・7　51構改Ｂ1254　様式22号）

第5章　市民農園　125

○相続税の納税猶予の認定都市農地貸付け等に関する届出書

相続税の納税猶予の認定都市農地貸付け等に関する届出書

※欄は記入しないでください。

```
税務署
受付印
```

平成 ○○ 年 ○○ 月 ○○ 日

＿＿＿＿＿＿＿ 税務署長

届出者 住所（居所）　〒○○○－○○○○
　　　　　　　　　　○○県○○市○○町○－○

　　　　氏　名　　○○○○　　　　　㊞

　　　　（電話番号 ○○○ －○○○－○○○○）

租税特別措置法第70条の6の4第2項 第2号 （第3号） に規定する 認定都市農地貸付け （農園用地貸付け） を行った下記の

特例農地等については同条第1項の規定の適用を受けたいので、同項の規定により届け出ます。

1　被相続人等に関する事項

被相続人	住所（居所）	○○県○○市○○町○－○	氏　名	○○○○

届出者が被相続人から特例農地等を相続（遺贈）により取得した年月日	昭和・（平成） ○○年 ○○ 月 ○○ 日

2　認定都市農地貸付け等に関する事項

（注）下記の(3)の貸付けを行った場合、①欄及び③欄の記載は不要であり、②欄には「租税特別措置法第70条の6の4第2項第3号ロの貸付規程に基づく最初の貸付けの年月日」を記載して下さい。

①借り受けた者	住所（居所）又は本店（主たる事務所）の所在地	○○県○○市○○町○－○	氏名又は名称	○○市長

②認定都市農地貸付け等を行った年月日	平成 ○○ 年○○月○○日	③賃借権等の存続期間	自：平成 ○○ 年 ○○ 月 ○○ 日　至：平成 ○○ 年 ○○ 月 ○○ 日

上記の貸付けは、次の貸付けにより行いました。（該当する番号を○で囲んでください。）

【認定都市農地貸付け】
(1)　都市農地の貸借の円滑化に関する法律に規定する認定事業計画に基づく貸付け

【農園用地貸付け】
（②）　特定農地貸付けに関する農地法等の特例に関する法律（以下「特定農地貸付法」といいます。）の規定により地方公共団体又は農業協同組合が行う特定農地貸付けの用に供されるための貸付け
(3)　特定農地貸付法の規定により農業相続人が行う特定農地貸付け（その者が所有する農地で行うものであって、一定の貸付協定を市町村と締結しているものに限ります。）
(4)　都市農地の貸借の円滑化に関する法律の規定により地方公共団体及び農業協同組合以外の者が行う特定都市農地貸付けの用に供されるための貸付け
□　上記の(2)～(4)の貸付けが市民農園整備促進法の規定による認定に係るものである場合（該当する場合には、チェックを入れてください。）

上記の認定都市農地貸付け等を行った特例農地等の明細は、付表1のとおりです。

3　平成30年8月31日以前の相続（遺贈）について納税猶予の適用を受けている農業相続人（相続（遺贈）により取得した日において特例農地等のうちに都市営農農地等を有しない農業相続人に限ります。）が有する特例農地等に関する事項

農業相続人が有する特例農地等の取得をした日における当該特例農地等の区分は、付表2の1、同2の2及び同2の3のとおりです。

関与税理士	○○○○　㊞	電話番号	○○○－○○○○－○○○○

※	通信日付印の年月日	確認印	整理簿番号
	年　月　日		

（資 12－130－1－A4統一）（平30.9）

第5章　市民農園

認定都市農地貸付け等に関する届出書　付表1	届出者氏名	○○○○

認定都市農地貸付け等を行った特例農地等の明細は、次のとおりです。

番号	所　在　場　所	地　目	面　積
	○○市○○町○○番	畑	2,980 ㎡

(資12－130－2－A4統一)

付表2の1～2の3　〔略〕

（国税庁ウェブサイト）

第5章　市民農園　　127

Case24　自己所有する農地で自ら市民農園を開設したい

　耕作している所有農地で市民農園を自ら開設し運営したいと考えています。
どのような手続が必要で、また留意する事項はありますか。

◆チェック

□　市民農園は特定農地貸付法若しくは市民農園整備促進法のどちらによって開設するのか
□　農地のある市町村と貸付協定を締結する
□　農業委員会より貸付規程若しくは市町村より整備運営計画の承認・認定を受ける（貸付規程・整備運営計画に記載すべき事項を満たしているか）
□　農地は生産緑地に指定されていないか
□　農地は相続税納税猶予制度の適用を受けていないか

解　説

1　市民農園は特定農地貸付法若しくは市民農園整備促進法のどちらによって開設するのか

POINT

　市民農園に設置する施設等によって開園するための法制度が異なり、市民農園整備促進法は開設できる地域が限られています。

　市民農園の開設に関係する二法の特徴は以下のとおりです。

（1）　特定農地貸付法

特長：全ての農地で市民農園の開設が可能。

市民農園内で附帯設備を設置するときは、改めて農地転用の手続をとります。

＜特定農地貸付法の手続フロー＞

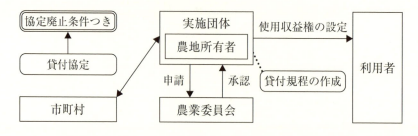

（農林水産省ウェブサイトをもとに作成）

(2)　市民農園整備促進法

要件：市民農園区域若しくは市街化区域のみに限定

市民農園整備促進法により開設する市民農園は、整備運営計画の承認を受けることにより、市民農園の附帯設備（休憩所及び講習所など）を設置することが可能となります。

＜市民農園整備促進法の手続フロー＞

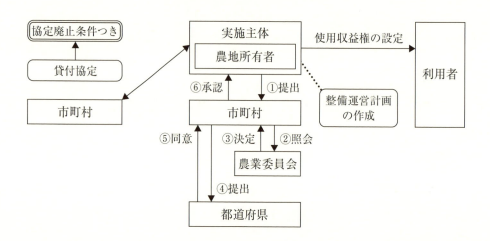

（農林水産省ウェブサイトをもとに作成）

2　農地のある市町村と貸付協定を締結する

> **POINT**
> 農地のある市町村と貸付協定を結ぶ（貸付協定の規定を満たす）必要があり、貸付協定に記載すべき事項は法律によって定められています。

所有する農地で自ら市民農園を開設するときは、手続が、特定農地貸付法、市民農園整備促進法のどちらであろうとも、まずは、当該農地のある市町村と貸付協定を締結することが必要となります（特定農地貸付2②五イ、特定農地貸付則1、市民農園整備促進法2②一イ）。

【貸付協定に記載すべき事項（特定農地貸付則1①）】

① 特定農地貸付けの用に供される農地の管理方法

② 農業用水の利用に関する調整その他地域の農業と特定農地貸付けの実施との調整の方法

③ 地方公共団体及び農業協同組合以外の者が市町村に対して行う貸付協定の実施の状況についての報告に関する事項

④ 貸付協定に違反した場合の措置

⑤ その他必要な事項

なお、特定農地貸付法によって開設をする場合で、当該農地が生産緑地の指定を受けており、さらに相続税納税猶予制度の適用を受けているとき、また、将来に生産緑地の相続人が相続税納税猶予制度の適用を受けるためには、廃止条件付きの貸付協定を市町村と結ぶことが要件となります（特定農地貸付則1②）。

3 農業委員会より貸付規程若しくは市町村より整備運営計画の承認・認定を受ける（貸付規程・整備運営計画に記載すべき事項を満たしているか）

POINT

市民農園を開設する際には、特定農地貸付法の場合は農業委員会より貸付規程の承認を受ける（貸付規程に記載すべき事項を満たす）必要が、市民農園整備促進法の場合は市町村より整備運営計画の承認・認定を受ける（整備運営計画に記載すべき事項を満たす）必要があります。

（1） 特定農地貸付法

特定農地貸付法により所有する農地で自ら市民農園を開設するためには、当該農地を管轄する農業委員会より貸付規程の承認を受ける必要があります（特定農地貸付3①）。

貸付規程に記載すべき事項は以下のとおりです（特定農地貸付3②、特定農地貸付則2)。

① 特定農地貸付けの用に供する農地の所在、地番及び面積

② 特定農地貸付けを受ける者の募集及び選考の方法

③ 特定農地貸付けに係る農地の貸付けの期間その他の条件

④ 特定農地貸付けに係る農地の適切な利用を確保するための方法

⑤ 特定農地貸付法3条2項1号に規定する農地について所有権又は使用及び収益を目的とする権利を有する場合には、その権利の種類

⑥ 特定農地貸付法3条2項1号に規定する農地について所有権又は使用及び収益を目的とする権利を有しない場合には、当該農地の所有者の氏名又は名称及び住所並びに当該農地について取得しようとする権利の種類

(2) 市民農園整備促進法

市民農園整備促進法により所有する農地で自ら市民農園を開設するためには、当該農地のある市町村より整備運営計画の承認・認定を受ける必要があります（市民農園整備7①）。

整備運営計画に記載する事項は以下のとおりです（市民農園整備7②、市民農園整備則10）。

① 市民農園の用に供する土地の所在、地番及び面積

② 市民農園の用に供する農地の位置及び面積並びに市民農園整備促進法2条2項1号に掲げる農地のいずれに属するかの別

③ 市民農園施設の位置及び規模その他の市民農園施設の整備に関する事項

④ 利用者の募集及び選考の方法

⑤ 利用期間その他の条件

⑥ 市民農園の適切な利用を確保するための方法

⑦ 資金計画

⑧ 市民農園の開設の時期

⑨ 市民農園整備促進法7条2項1号に規定する土地に係る次に掲げる事項

　ア　所有権又は使用及び収益を目的とする権利を有する場合には、その権利の種類

　イ　所有権又は使用及び収益を目的とする権利を有しない場合には、当該土地の所有者の氏名又は名称及び住所並びに当該土地について取得しようとする権利の種類

⑩ 市民農園施設の敷地に供するため、農地を農地以外のものにする場合又は農地を農地以外のものにするため若しくは採草放牧地を採草放牧地以外のもの（農地を除きます。）にするためこれらの土地について所有権又は使用及び収益を目的とする権利を取得する場合には、当該土地に係る次に掲げる事項

　ア　地目（登記簿の地目と現況による地目とが異なるときは、登記簿の地目及び現況による地目）、利用状況及び普通収穫高

　イ　申請者がその土地の転用に伴い支払うべき給付の種類、内容及び相手方

　ウ　転用の時期

エ　転用することによって生ずる付近の土地、作物、家畜等の被害の防除施設の概要

オ　所有権又は使用及び収益を目的とする権利を取得する場合には、当該権利を取得しようとする契約の内容

⑪　その他参考となるべき事項

4　農地は生産緑地に指定されていないか

POINT

生産緑地に市民農園を開設するときは、当該生産緑地の所有者が市民農園に関わる農作業等に一定程度関わることが望ましいとされています。

市民農園を開設しようとする農地が生産緑地の指定を受けているときは、相続時に備え、当該生産緑地で農地所有者が一定程度の農作業等に従事することが望ましいとされています（租特70の6の4・70の6、租特令40の7）。

そのために、貸付規程・整備運営計画に農作業の従事計画を盛り込み、実際に従事をし、記録を残すことが肝要です（Case23参照）。

5　農地は相続税納税猶予制度の適用を受けていないか

POINT

相続税納税猶予制度適用農地に市民農園を開設し、期限の確定（打切り）とならない農地は、原則、生産緑地のみとなります。

相続税納税猶予制度の適用を受けている生産緑地に市民農園を開設したときは、管轄の税務署に届出を行います。

2018年9月1日より、相続税納税猶予制度の適用を受けている生産緑地に特定農地貸付法等に基づく市民農園を開設した場合も制度が継続されることになりました。

原則、生産緑地以外の相続税納税猶予制度適用農地に市民農園を開設したときは、期限の確定（打切り）となるので注意が必要です。

また、2にあるとおり、当該農地が生産緑地であり相続税納税猶予制度の適用を受けているときは、市町村と廃止条件付きの貸付協定を結ぶことが必要であり、市民農園を開設する際に、市町村（市民農園整備促進法）若しくは農業委員会（都市農地貸借円滑化法による特定都市農地貸付け）による証明を受け、所轄の税務署に届出をします。

【参考書式】
○貸付協定（自らが所有する農地で市民農園を開設する場合）

貸 付 協 定

（目　的）
第1　○○○○〔特定農地貸付けにより市民農園を開設する者〕（以下「開設者」という。）及び○○市〔当該市民農園の所在地を所管する市町村〕は、市民農園の用に供する農地（以下「特定貸付農地」という。）の適切な管理・運営の確保、特定貸付農地が周辺地域に支障を及ぼさないことの確保及び特定農地貸付けを中止し、又は廃止する場合の特定貸付農地の適切な利用等の確保等を図るため、次のとおり協定を締結する。

（協定の区域）
第2　この協定の区域は、別表に掲げる土地とする。

（特定貸付農地の適切な管理及び運営の確保に関する事項）
第3　開設者は、特定農地貸付けを受けた者（以下「借受者」という。）に対して行う農作物等の栽培に関する指導体制を整備するものとする。

2　開設者は、借受者が、契約期間中において正当な理由がなく特定農地貸付けを受けた農地（以下「借受農地」という。）の耕作の放棄又は管理の放棄を行ったときには、借受者が借受農地の耕作又は管理の再開を行うよう指導しなければならない。

3　開設者は、借受者から返還を受けた農地又は貸付けていない農地について適切な管理を行わなければならない。

4　開設者は、借受者が、他の借受者の利用の妨げにならないように指導を行うとともに、借受者間に紛争が生じた場合には適切に仲裁しなければならない。なお、○○市は、開設者から仲裁に関して協力の要請を受けた場合は、誠意を持って対応するものとする。

（特定貸付農地の利用が周辺地域に支障を及ぼさないことを確保するために必要な事項）
第4　開設者は、市民農園の整備に当たり、既存水路の分断、既存の農業用水を利用する場合等には、水の利用及び排水等について地域の関係者と調整を行わなければならない。

2　開設者は、地域において行う航空防除、共同防除等の病害虫の防除の計画を把握し、借受者に適切に指導するものとする。

3　開設者は、借受者が市民農園の周辺の住民、周辺農地等に迷惑を及ぼさないよう指導しなければならない。

4　○○市は、開設者から1から3に関して指導等の要請があったときには、誠意を持って協力するものとする。

第5章　市民農園　　133

（特定農地貸付けを中止し、又は廃止する場合において、特定貸付農地の適切な利用
等を確保するために必要な事項）

第5　開設者は、特定農地貸付法第3条第4項の規定による特定農地貸付規程の承認の
取消しがあったとき（※1）、又は特定農地貸付けを中止若しくは廃止するときには、
自ら当該農地を適切に農業的利用を行うものとする。なお、開設者自ら当該農地を
農業的利用に適切に利用することが困難な場合等のときは、○○市が指定する方法、
指定する者に対し、所有権の移転又は使用収益権の設定を行うものとする。

2　開設者は、特定農地貸付けを廃止する場合には、○ヶ月間の予告期間をおいて行う
ものとする。

3　開設者は、特定農地貸付法第3条第4項の規定による特定農地貸付規程の承認の取
消しがあったとき（※1）、又は特定農地貸付けを中止若しくは廃止するときは、現に
適切な利用をしている借受者の利用の継続ができるよう他の市民農園のあっせんを
行うものとする。

4　○○市は、開設者が自ら行う当該農地の適切な農業的利用又は○○市が指定する
者に対して行う所有権の移転若しくは使用収益権の設定が適切かつ確実に行われる
とともに他の市民農園のあっせんが円滑に行われるよう、開設者に対し必要な助言
その他の支援を行うものとする。（※2）（※3）

（開設者が○○市に対して行う協定の実施状況についての報告に関する事項）

第6　開設者は、市民農園の適切な管理及び運営の状況並びに周辺地域への支障の回
避措置等について、○○市に定期的に報告しなければならない。

（実施調査等）

第7　○○市は、市民農園の管理及び運営の状況並びに周辺地域への支障の回避措置
等について確認するため、必要に応じて実施調査、関係者からの聞取り等による調
査を行うものとする。

（開設者が特定貸付農地を適切に利用していない場合の協定の廃止）

第8　○○市は、開設者が正当な理由なく特定貸付農地の管理の放棄を行っているな
ど、特定貸付農地を適切に利用していないと認める場合には、本協定を廃止するも
のとする。（※2）（※3）

　この協定の証として、本書○通作成し、開設者及び○○市が記名押印のうえ、各自1
通を保有する。

○○○○年○○月○○日

　　　　　　　　　　（開設者）　住所　○○市○○町○－○
　　　　　　　　　　　　　　　　　　　　　　　　　○○○○　印
　　　　　　　　　　（市町村）　住所　○○市○○町○－○
　　　　　　　　　　　　　　　　　　　○○市長　　○○○○　印

別　表

土地の一覧表

番号	土地の所在	地目	利用状況	面積（㎡）
○	○○県○○市○○町○○番	畑	適正に耕作されている	○○○○

※1　下線部分について、市民農園整備促進法に基づいて開設する場合は「市民農園整備促進法第10条の規定による認定の取消しがあったとき」とします。

※2　波線部分については、生産緑地地区に指定されている農地の場合に入れるべき項目です。

※3　生産緑地地区の区域内の農地で市民農園を開設する場合にあっては特定農地貸付法施行規則第1条第2項の規定により、第5の4及び第8の事項を記載することができます。

（平17・9・1　17農振781　別紙1を参考に作成）

第5章　市民農園

○特定農地貸付規程

特定農地貸付規程

（目　的）
第1　この規程は、農業者以外の者が野菜や花等を栽培して、自然にふれ合うとともに、農業に対する理解を深めること等を目的に○○○○〔貸付主体の名称〕が行う特定農地貸付け（以下「貸付け」という。）の実施・運営に関し必要な事項を定める。

（貸付主体）
第2　本貸付けは、○○○○が実施するものとする。

（貸付対象農地）
第3　貸付けに係る農地（以下「貸付農地」という。）の所在、地番、面積及び○○○○が貸付農地について有し、又は取得しようとする所有権又は使用及び収益を目的とする権利の種類（貸付農地について所有権又は使用及び収益を目的とする権利を取得する場合は、貸付農地の所有者の氏名又は名称及び住所を含む。）は、別表のとおりとする。

（貸付条件）
第4　貸付条件は、次のとおりとする。
　(1)　貸付期間は、5年間とする。
　(2)　貸付けに係る賃料は、1区画当たり年10,000円とする。（※1）
　(3)　貸付けを受ける者（以下「借受者」という。）は、賃料を毎年4月1日までに○○○○に支払うものとする。
2　貸付農地において次に掲げる行為をしてはならないものとする。
　(1)　建物及び工作物を設置すること。
　(2)　営利を目的として作物を栽培すること。
　(3)　貸付農地を転貸すること。

（募集の方法）
第5　貸付けを受けようとする者の募集は、チラシ、掲示等による一般公募とする。
2　募集期間は、当該募集に係る農地を貸し付けることとなる日の60日前から30日間とするものとする。

（申込みの方法）
第6　貸付けを受けようとする者は、第5の2に規定する募集期間内に○○○○へ申込書を提出しなければならないものとする。

（選考の方法）
第7　○○○○は、第6の規定に基づき申込をした者の中から借受者を決定するものとする。
2　申込をした者の数が募集した数を上回る場合は抽選により借受者を決定するもの

とする。

3　○○○○は、1又は2により借受者を決定した場合はその旨を当該者に通知するものとする。

（貸付農地の管理・運営等）

第8　○○○○は、貸付農地及び施設の適切な維持・管理及び運営を図ることとする。

2　○○○○は、次の農作業等に関する業務に年間40日以上従事する。

（1）　貸付農地及び施設の見回り並びに借受者に対する必要な指示

（2）　貸付農地における作物の栽培等の指導

（3）　その他当該市民農園の運営及び栽培に係る事項（※2）

（貸付契約の解約等）

第9　次の各号に該当するときは、貸付契約を解約することができる。

（1）　借受者が貸付契約の解約を申し出たとき

（2）　第4の2に掲げる行為をしたとき

（3）　貸付農地を正当な理由なく耕作しないとき

（貸付農地の返還）

第10　借受者は、第4の1の（1）の規定による貸付期間が終了したとき又は第9の規定による解約をしたときは、すみやかに貸付農地を原状に復し返還しなければならない。

（賃料の不還付）

第11　既に納めた賃料は、還付しない。ただし、次に掲げる事由に該当する場合は、その一部又は全部を還付することができる。

（1）　借受者の責任でない理由で貸付けができなくなった場合

（2）　○○○○が相当な理由があると認めたとき

別　表

番　号	所　在	地　番	地　　　目		面　積（㎡）	位　置	貸付主体が新たに権利を取得するもの			貸付主体が既に有している権利に基づくもの
			登記簿	現況			権利の種類	所　有　者		権利の種類
								住所	氏名	
（例）1〜10	○○市字○○	○○番	畑	畑	各60㎡	別図のとおり				
11〜20	○○市字○○	○○番	畑	畑	各60㎡	別図のとおり				
計					1,200㎡					

第5章　市民農園　　137

別　図

1	2	3	4	5	6	7	8	9	10
11	12	13	14	15	16	17	18	19	20

N

※1　区画の面積によって賃料が異なる場合は、その旨記載します。

※2　波線部分については、生産緑地地区に指定されている農地の場合に入れるべき項目です。

（平元・9・11元構改B1015を参考に作成）

○市民農園開設認定申請書

別紙様式第2号

市民農園開設認定申請書

〇〇〇〇 年〇〇 月〇〇 日

〇〇市長　　　　殿

申請者

住所　〇〇県〇〇市〇〇町〇－〇

氏名　〇〇〇〇　　　印

　市民農園整備促進法第7条第1項の規定に基づき、市民農園の開設について下記
の書面を添えて認定を申請する。

記

1　整備運営計画書（別紙）（※）

2　市民農園の位置を表示した地形図

3　市民農園施設の位置、形状及び種別等概要を表示した平面図

4　土地の登記事項証明書

5　土地の地番を表示する図面

6　（土地改良区の意見）

7　（土地利用契約書の案）

8　（その他参考となる事項）

※別紙は後掲「市民農園整備運営計画書」を指します。

（平2・9・20構改B982・経民発41・都公緑発108　別紙様式第2号を参考に作成）

○市民農園整備運営計画書

別紙様式第3号

市民農園整備運営計画書

○○○○年○○月○○日
申請者　住所　○○県○○市○○町○-○
氏名　○○○○

1　市民農園の用に供する土地

土地の所在	地番	項　目		新たに権利を取得する			既に有している権利関係			土地の利用目的	
		登記簿	現況	権利の種類	土地所有者 氏名	住所	権利の種類	土地所有者 氏名	住所	農地	市民農園施設 種類
○○県○○市○○町○○番	90	畑	畑				所有権	○○○○	○○市○○町○-○	市民農園	休憩施設

2　市民農園施設の規模その他の市民農園施設の整備

整備計画	種　別	構　造	建築面積	所要面積	工事期間	
建築物 工作物 計	休憩・物置施設	木造1階建	○○㎡	○○㎡	○○年○月 〜 ○○年○月	

3　市民農園の開設の時期

　　　○○○○年○○月○○日

4　利用者の募集及び選考の方法

募 集 方 法	ダイレクトメール・広報誌掲載
選 考 方 法	定員を超す応募があったときは、公開による抽選により利用者を決定する。

5 利用期間その他の条件

利用期間	利用料金	支払方法	区　　画		その他の条件
			区 画 数	1区画面積	
毎年4月〜3月	1区画 年間○○○○円	指定口座に振込	20	60㎡	特になし

6　開設者が従事する農作業等に関する業務

　　開設者○○○○は、次の農作業等に関する業務に年間40日以上従事する。

　(1)　貸付農地及び施設の見回り並びに借受者に対する必要な指示

　(2)　貸付農地における作物の栽培等の指導

　(3)　その他当該市民農園の運営や栽培に係る事項(※)

※波線部分は、当該農地が生産緑地地区の指定を受けているときに入れる必須項目です。

（平2・9・20構改B982・経民発41・都公緑発108　別紙様式第3号を参考に作成）

第５章　市民農園　　141

○農園用地貸付けを行った旨の証明書

様式22号（第２の１の(36)関係）

農園用地貸付けを行った旨の証明書

証　明　願

〇〇〇〇年 〇〇 月 〇〇 日

〇〇市農業委員会長　殿

申請者　住所　〇〇県〇〇市〇〇町〇－〇
氏名　〇〇〇〇　　　　　印

　私は、租税特別措置法第70条の６の４第１項の規定の適用を受けるため、特定農地貸付けに関する農地法等の特例に関する法律（以下「特定農地貸付法」という。）第３条第３項の承認（都市農地の貸借の円滑化に関する法律第11条において準用する特定農地貸付法第３条第３項の承認を含む。）を受けた下記の農地について、農園用地貸付けを行ったこと及び当該農園用地貸付けが租税特別措置法第70条の６の４第２項第３号ロに掲げるものである場合は、当該承認の申請書に同号ロに規定する貸付協定が添付されたものであることを証明願います。

記

所 在 地 番	地 目	面 積	租税特別措置法第70条の６の４第２項第３号イからロの該当状況（該当項目に〇を記入）		
			イ	ロ	ハ
〇〇市〇〇町〇〇番	畑	〇〇〇〇 ㎡		〇	
承認年月日			貸付けを行った年月日		
〇〇〇〇 年〇〇月〇〇日			〇〇〇〇 年〇〇月〇〇日		

第 〇〇 号

　上記のとおり相違ないことを証明する。

〇〇〇〇 年〇〇月〇〇日
〇〇市農業委員会長　〇〇〇〇　印

（昭51・7・7　51構改B1254　様式22号）

○農園用地貸付けを行った旨の証明書

様式45号（第2の2の(39)関係）

農園用地貸付けを行った旨の証明書

証　明　願

〇〇〇〇年〇〇月〇〇日

〇〇市町村長　殿

申請者　　住所〇〇県〇〇市〇〇町〇－〇
　　　　　氏名〇〇〇〇　　　印

　私は、租税特別措置法第70条の6の4第1項の規定の適用を受けるため、市民農園整備促進法第7条第1項又は第5項の規定による認定を受けた下記の農地について、農園用地貸付けを行ったこと及び当該農園用地貸付けが租税特別措置法第70条の6の4第2項第3号ロに掲げるものである場合は、同号ロに規定する貸付協定を当該貸付都市農地等の所在地の市町村と締結していることを証明願います。

記

所　在　地　番	地　目	面　積	租税特別措置法第70条の6の4第2項第3号イからロの該当状況 （該当項目に○を記入）		
			イ	ロ	ハ
〇〇市〇〇町〇〇番	畑	2,980 ㎡		○	

認定年月日	貸付けを行った年月日
〇〇〇〇 年〇〇月〇〇日	〇〇〇〇 年〇〇月〇〇日

第　〇〇　号

　上記のとおり相違ないことを証明する。

〇〇〇〇 年〇〇月〇〇日
〇〇市町村長　〇〇〇〇　印

（昭51・7・7　51構改B1254　様式45号）

第5章　市民農園

○相続税の納税猶予の認定都市農地貸付け等に関する届出書

相続税の納税猶予の認定都市農地貸付け等に関する届出書

```
税務署
受付印
                                        平成○○年○○月○○日    ※
                                                               欄
        ○○○    税務署長                                      は
                                                               記
                          〒○○○-○○○○                      入
            届出者 住 所（居 所）○○県○○市○○町○-○       し
                                                               な
            氏 名 ＿＿＿○○○○＿＿＿㊞                        い
                                                               で
            （電話番号 ○○○-○○○-○○○○）                  く
                                                               だ
                        第2号                    認定都市農地貸付   さ
  租税特別措置法第70条の6の4第2項 ⎰第3号⎱ に規定する （農 園 用 地 貸 付 け） を行った下記の  い
                                                               。
  特例農地等については同条第1項の規定の適用を受けたいので、同項の規定により届け出ます。
```

1　被相続人等に関する事項

被相続人	住 所（居 所）	○○県○○市○○町○-○	氏 名	○○○○

届出者が被相続人から特例農地等を相続（遺贈）により取得した年月日	昭 和（平 成）○○年 ○○ 月 ○○ 日

2　認定都市農地貸付け等に関する事項

（注）下記の(3)の貸付けを行った場合、①欄及び③欄の記載は不要であり、②欄には「租税特別措置法第70条の6の4第2項第3号ロの貸付規程に基づく最初の貸付けの年月日」を記載して下さい。

①借り受けた者	住所（居所）又は本店（主たる事務所）の所在地		氏 名又は名 称	
②認定都市農地貸付け等を行った年月日	平成○○年○○月○○日	③賃借権等の存続期間	自：平成　　年　　月　　日	
			至：平成　　年　　月　　日	

　上記の貸付けは、次の貸付けにより行いました。（該当する番号を○で囲んでください。）

【認定都市農地貸付け】

　(1)　都市農地の貸借の円滑化に関する法律に規定する認定事業計画に基づく貸付け

【農園用地貸付け】

　(2)　特定農地貸付けに関する農地法等の特例に関する法律（以下「特定農地貸付法」といいます。）の規定により地方公共団体又は農業協同組合が行う特定農地貸付けの用に供されるための貸付け

　③　特定農地貸付法の規定により農業相続人が行う特定農地貸付け（その者が所有する農地で行うものであって、一定の貸付協定を市町村と締結しているものに限ります。）

　(4)　都市農地の貸借の円滑化に関する法律の規定により地方公共団体及び農業協同組合以外の者が行う特定都市農地貸付けの用に供されるための貸付け

　□　上記の(2)～(4)の貸付けが市民農園整備促進法の規定による認定に係るものである場合（該当する場合には、チェックを入れてください。）（※）

　上記の認定都市農地貸付け等を行った特例農地等の明細は、付表1のとおりです。

3　平成30年8月31日以前の相続（遺贈）について納税猶予の適用を受けている農業相続人（相続（遺贈）により取得した日において特例農地等のうちに都市営農農地等を有しない農業相続人に限ります。）が有する特例農地等に関する事項

　農業相続人が有する特例農地等の取得をした日における当該特例農地等の区分は、付表2の1、同2の2及び同2の3のとおりです。

関与税理士	○○○○	印	電話番号	○○○-○○○-○○○○

※	通信日付印の年月日	確認印	整理簿番号
	年　月　日		

（資12-130-1-A4統一）（平30.9）

※市民農園整備促進法による認定に係るものである場合はチェックを入れます。

付表1～2の3　〔略〕

（国税庁ウェブサイト）

144 第5章 市民農園

Case25 自己所有する農地をNPO法人が開設する市民農園の用地として貸したい

耕作している所有農地を甥が運営するNPO法人が開設する市民農園の用地として賃貸したいと考えています。どのような手続が必要で、また留意する事項はありますか。

◆チェック

□　市民農園は特定農地貸付法の手続により開設する
□　農地のある市町村と貸付協定を締結する
□　農地の所在地を管轄する農業委員会より貸付規程の承認を得る
□　農地は生産緑地に指定されていないか

解　説

1　市民農園は特定農地貸付法の手続により開設する

POINT

　農地を借りて第三者が市民農園を開設するときは、通常、特定農地貸付法による手続を行います。

　農地を所有しない者や法人が、農地所有者から農地を借り、市民農園を開設するときは、特定農地貸付法の仕組みにより、①市町村と農地を所有しない者や法人（本ケースではNPO法人）が貸付協定を締結する（特定農地貸付2②五ロ、特定農地貸付則1）、②農地を所有しない者や法人が農業委員会より貸付規程の承認を受ける（特定農地貸付3①）、③農地所有者が市町村等を通じ農地を所有しない者や法人に対し賃貸借等の設定を行い、市民農園を開設します。

第5章 市民農園

<市民農園開設の手続フロー（農地）>

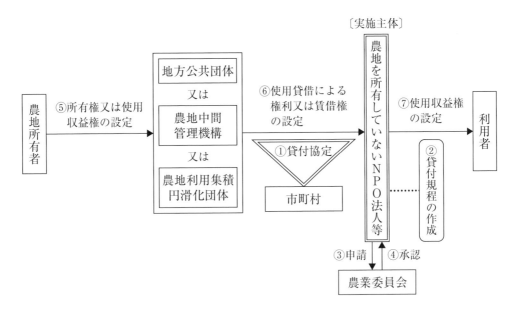

（農林水産省ウェブサイトをもとに作成）

2 農地のある市町村と貸付協定を締結する

> **POINT**
> 開設主体のＮＰＯ法人はまず当該農地のある市町村と貸付協定を締結します。

貸付協定に記載すべき事項の詳細については、Case24をご参照ください（特定農地貸付則1①）。

3 農地の所在地を管轄する農業委員会より貸付規程の承認を得る

> **POINT**
> 開設主体のＮＰＯ法人は、当該農地の所在地を管轄する農業委員会より貸付規程について、承認を得ます。

貸付規程に記載すべき事項の詳細については、Case24をご参照ください（特定農地貸付3②、特定農地貸付則2）。

4 農地は生産緑地に指定されていないか

> **POINT**
>
> 　生産緑地に本ケースのような市民農園を開設するときは、都市農地貸借円滑化法による特定都市農地貸付けの手続を行うことが望ましいとされています。

　生産緑地に指定されている農地を第三者が借り受け、市民農園を開設するときは、税制度上、都市農地貸借円滑化法による特定都市農地貸付けでの手続をお勧めします。詳細はCase26をご参照ください。

第5章　市民農園　　147

【参考書式】
○貸付協定（借り受けた農地で市民農園を開設する場合）

貸　付　協　定

（目　的）
第1　ＮＰＯ法人○○○〔特定農地貸付けにより市民農園を開設する者〕（以下「開設
　　者」という。）、○○市〔当該市民農園の所在地を所管する市町村〕（以下「対象農地
　　貸付者」という。）は、市民農園の用に供する農地（以下「特定貸付農地」という。）
　　の適切な管理・運営の確保、特定貸付農地が周辺地域に支障を及ぼさないことの確
　　保及び特定農地貸付けを中止し、又は廃止する場合の特定貸付農地の適切な利用等
　　の確保等を図るため、次のとおり協定を締結する。
（協定の区域）
第2　この協定の区域は、別表に掲げる土地とする。
（特定貸付農地の適切な管理及び運営の確保に関する事項）
第3　開設者は、特定農地貸付けを受けた者（以下「借受者」という。）に対して行う農
　　作物等の栽培に関する指導体制を整備するものとする。
2　開設者は、借受者が、契約期間中において正当な理由がなく特定農地貸付けを受け
　　た農地（以下「借受農地」という。）の耕作の放棄又は管理の放棄を行ったときには、
　　借受者が借受農地の耕作又は管理の再開を行うよう指導しなければならない。
3　開設者は、借受者から返還を受けた農地又は貸付けていない農地について適切な
　　管理を行わなければならない。
4　開設者は、借受者が、他の借受者の利用の妨げにならないように指導を行うととも
　　に、借受者間に紛争が生じた場合には適切に仲裁しなければならない。なお、○○市
　　は、開設者から仲裁に関して協力の要請を受けた場合は、誠意を持って対応するもの
　　とする。
（特定貸付農地の利用が周辺地域に支障を及ぼさないことを確保するために必要な事
　　項）
第4　開設者は、市民農園の整備に当たり、既存水路の分断、既存の農業用水を利用す
　　る場合等には、水の利用及び排水等について地域の関係者と調整を行わなければな
　　らない。
2　開設者は、地域において行う航空防除、共同防除等の病害虫の防除の計画を把握し、
　　借受者に適切に指導するものとする。
3　開設者は、借受者が市民農園の周辺の住民、周辺農地等に迷惑を及ぼさないよう指
　　導しなければならない。
4　○○市は、開設者から1から3に関して指導等の要請があったときには、誠意を持っ
　　て協力するものとする。

（特定農地貸付けを中止し、又は廃止する場合において、特定貸付農地の適切な利用等を確保するために必要な事項）

第5　開設者は、特定農地貸付法第3条第4項の規定による特定農地貸付規程の承認の取消しがあったとき、又は特定農地貸付けを中止若しくは廃止するとき（別途締結する貸借契約の期間が満了した時を含む。以下同じ。）には、市民農園の用地を原状に回復し、対象農地貸付者に返還するものとする。

2　○○市は、開設者が前項の規定による原状回復を行わないときには、開設者に替わって原状回復を行うものとし、その費用は開設者が負担するものとする。
　　なお、対象農地貸付者が原状回復を求めないときにはこの限りでない。

3　開設者は、特定農地貸付けを廃止する場合には、6ヶ月間の予告期間をおいて行うものとする。

4　開設者は、特定農地貸付法第3条第4項の規定による特定農地貸付規程の承認の取消しがあったとき、又は特定農地貸付けを中止若しくは廃止するときは、現に適切な利用をしている借受者の利用の継続ができるよう他の市民農園の斡旋を行うものとする。

（開設者が○○市及び対象農地貸付者に対して行う協定の実施状況についての報告に関する事項）

第6　開設者は、市民農園の適切な管理及び運営の状況並びに周辺地域への支障の回避措置等について、○○市及び対象農地貸付者に定期的に報告しなければならない。

（実施調査等）

第7　○○市及び対象農地貸付者は協力して、市民農園の管理及び運営の状況並びに周辺地域への支障の回避措置等について確認するため、必要に応じて実施調査、関係者からの聞取り等による調査を行うものとする。

（協定に違反した場合の措置）

第8　対象農地貸付者は、開設者が第3の2及び3、第4の1から3に違反したと認めたときは、開設者と締結する賃貸借契約を解除するものとする。

2　前項に基づき賃貸借契約が解除されたときは、開設者は自らの負担で市民農園の用地を原状に回復し、対象農地貸付者に返還するものとする。なお、この場合、本協定第5の3及び4を準用するものとする。

　　この協定の証として、本書2通作成し、開設者、○○市及び対象農地貸付者が記名押印のうえ、各自1通を保有する。

○○○○年○○月○○日

　　　　　　　ＮＰＯ法人○○○　　住所　○○市○○丁目○○○番地
　　　　　　　　　　　　　　　　　　　　ＮＰＯ法人○○○　理事長　○○○○　印
　　　　　　　○○市　　　　　　　住所　○○市○○丁目○○○番地
　　　　　　　　　　　　　　　　　　　　○○市長　　　　　　　　　○○○○　印

別　表

土地の一覧表

番号	土地の所在	地　目	利用状況	面積（㎡）
1	○○○○○○	畑	露地野菜を栽培している	2,600

（平17・9・1　17農振781　別紙2を参考に作成）

○特定農地貸付規程

特定農地貸付規程

（目　的）

第1　この規程は、農業者以外の者が野菜や花等を栽培して、自然にふれ合うとともに、農業に対する理解を深めること等を目的にNPO法人○○○〔貸付主体の名称〕が行う特定農地貸付け（以下「貸付け」という。）の実施・運営に関し必要な事項を定める。

（貸付主体）

第2　本貸付けは、NPO法人○○○が実施するものとする。

（貸付対象農地）

第3　貸付けに係る農地（以下「貸付農地」という。）の所在、地番、面積及びNPO法人○○○が貸付農地について有し、又は取得しようとする所有権又は使用及び収益を目的とする権利の種類（貸付農地について所有権又は使用及び収益を目的とする権利を取得する場合は、貸付農地の所有者の氏名又は名称及び住所を含む。）は、別表のとおりとする。

（貸付条件）

第4　貸付条件は、次のとおりとする。

(1)　貸付期間は、5年間とする。

(2)　貸付けに係る賃料は、1区画当たり年間○○○○円とする。（※）

(3)　貸付けを受ける者（以下「借受者」という。）は、賃料を毎年4月1日までにNPO法人○○○に支払うものとする。

2　貸付農地において次に掲げる行為をしてはならないものとする。

(1)　建物及び工作物を設置すること。

(2)　営利を目的として作物を栽培すること。

(3)　貸付農地を転貸すること。

（募集の方法）

第5　貸付けを受けようとする者の募集は、新聞広告に掲載するほか、チラシ、掲示等による一般公募とする。

2　募集期間は、当該募集に係る農地を貸し付けることとなる日の60日前から30日間とするものとする。

（申込みの方法）

第6　貸付けを受けようとする者は、第5の2に規定する募集期間内にNPO法人○○○へ申込書を提出しなければならないものとする。

（選考の方法）

第7　NPO法人○○○は、第6の規定に基づき申込をした者の中から借受者を決定するものとする。

2　申込をした者の数が募集した数を上回る場合は抽選により借受者を決定するものとする。

3　ＮＰＯ法人○○○は、1又は2により借受者を決定した場合はその旨を当該者に通知するものとする。

（貸付農地の管理・運営等）

第8　ＮＰＯ法人○○○は、貸付農地及び施設の適切な維持・管理及び運営を図るため管理人を設置する。

2　管理人は、次の業務を行う。

　(1)　貸付農地及び施設の見回り並びに借受者に対する必要な指示

　(2)　貸付農地における作物の栽培等の指導

（貸付契約の解約等）

第9　次の各号に該当するときは、貸付契約を解約することができる。

　(1)　借受者が貸付契約の解約を申し出たとき

　(2)　第4の2に掲げる行為をしたとき

　(3)　貸付農地を正当な理由なく耕作しないとき

（貸付農地の返還）

第10　借受者は、第4の1の(1)の規定による貸付期間が終了したとき又は第9の規定による解約をしたときは、すみやかに貸付農地を原状に復し返還しなければならない。

（賃料の不還付）

第11　既に納めた賃料は、還付しない。ただし、次に掲げる事由に該当する場合は、その一部又は全部を還付することができる。

　(1)　借受者の責任でない理由で貸付けができなくなった場合

　(2)　ＮＰＯ法人○○○が相当な理由があると認めたとき

別　表

番　号	所　在	地　番	地　　　　目		面　積（㎡）	位　置	貸付主体が新たに権利を取得するもの			貸付主体が既に有している権利に基づくもの
							権利の種類	所　有　者		権利の種類
			登記簿	現況				住所	氏名	
（例）1～10	○○市字○○	○○番	畑	畑	各60㎡	別図のとおり	賃借権	○○市字○○○番	○○○○	
11～20	○○市字○○	○○番	畑	畑	各60㎡	別図のとおり				
計					1,200㎡					

別　図

1	2	3	4	5	6	7	8	9	10
11	12	13	14	15	16	17	18	19	20

N

※区画の面積によって賃料が異なる場合は、その旨記載します。

（平元・9・11元構改B1015を参考に作成）

第5章　市民農園　　153

Case26　自己所有する生産緑地をNPO法人が開設する市民農園の用地として貸したい

　所有をし耕作している生産緑地をNPO法人が開設する市民農園の用地として賃貸したいと考えています。自分とNPO法人それぞれが行う主な手続と留意する事項について教えてください。

◆チェック

□	市民農園は都市農地貸借円滑化法の手続により開設する
□	①市町村と②生産緑地所有者と③開設主体の三者による貸付協定を締結する
□	生産緑地の所在地を管轄する農業委員会より貸付規程の承認を得る
□	相続等を考慮し生産緑地所有者は当該農地の農作業等の業務に一定程度携わる
□	生産緑地は相続税納税猶予制度の適用を受けていないか

解　説

1　市民農園は都市農地貸借円滑化法の手続により開設する

POINT

　本ケースのような市民農園は、都市農地貸借円滑化法の特定都市農地貸付けの仕組みにより開設します。

　NPO法人等農地を所有しない者や法人が、生産緑地を借り、市民農園を開設するときは、都市農地貸借円滑化法の特定都市農地貸付けの仕組みにより市民農園を開設します。

<市民農園開設の手続フロー（生産緑地）>

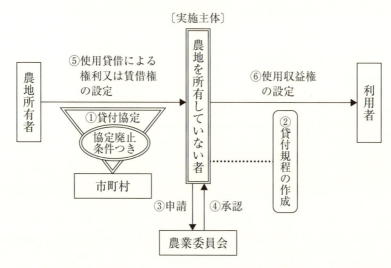

（農林水産省ウェブサイトをもとに作成）

2 ①市町村と②生産緑地所有者と③開設主体の三者による貸付協定を締結する

> **POINT**
> 生産緑地の所在地を管轄する市町村、生産緑地所有者、開設主体のNPO法人の三者による貸付協定の契約が必要であり、協定に記載すべき事項は法律により定められています。

貸付協定に記載すべき項目（都市農地貸借10二、都市農地貸借則10）は以下のとおりです。

① 都市農地を適切に利用していないと認められる場合に市町村が協定を廃止する旨
② 貸付規程の承認を取り消した場合又は協定を廃止した場合に市町村が講ずべき措置
③ 特定都市農地貸付けの用に供される都市農地の管理の方法
④ 農業用水の利用に関する調整その他地域の農業と特定都市農地貸付けの実施との調整の方法
⑤ 特定都市農地貸付けを行う者が市町村に対して行う都市農地貸借円滑化法10条2号に規定する協定の実施状況についての報告に関する事項
⑥ 都市農地貸借円滑化法10条2号に規定する協定に違反した場合の措置
⑦ その他必要な事項

第5章　市民農園　　155

3　生産緑地の所在地を管轄する農業委員会より貸付規程の承認を得る

POINT

開設主体のNPO法人は、その生産緑地の所在地を管轄する農業委員会より貸付規程について承認を得ます。

貸付規程に記載すべき事項の詳細については、Case24をご参照ください（都市農地貸借11）。

4　相続等を考慮し生産緑地所有者は当該農地の農作業等の業務に一定程度携わる

POINT

生産緑地に市民農園を開設するときは、相続等を考慮し、生産緑地所有者が当該市民農園に関わる農作業等に一定程度関わることが望ましいとされています。

当該生産緑地の相続等を考慮し、所有者が一定程度の農作業の業務に従事することが望ましいとされています。そのため、特定都市農地貸付けの承認申請書に所有者の農作業等従事計画を記載し、実際に業務に従事をし、記録に残しておくことが肝要です。

5　生産緑地は相続税納税猶予制度の適用を受けていないか

POINT

相続税納税猶予制度適用農地に市民農園を開設し、期限の確定（打切り）とならない農地は、原則、生産緑地のみとなります。
相続税納税猶予制度の適用を受けている生産緑地に市民農園を開設したときは、管轄の税務署に届出を行います。

2018年9月1日より、相続税納税猶予制度の適用を受けている生産緑地に都市農地貸借円滑化法による特定都市農地貸付け等によって市民農園を開設した場合も制度が継続されることになりました（租特70の6の4）。

その際は、農業委員会による証明を受け、税務署に届出を行います。

第5章　市民農園

【参考書式】
○貸付協定

協　　定

（目　的）

第1　NPO法人○○○〔特定都市農地貸付けにより市民農園を開設する者〕（以下「開
　　設者」という。）、○○市〔当該市民農園の所在地を所管する市町村〕及び○○○○
　　〔農地の所有者〕（以下「所有者」という。）は、市民農園の用に供する農地（以下
　　「特定貸付農地」という。）の適切な管理・運営の確保、特定貸付農地が周辺地域に
　　支障を及ぼさないことの確保及び特定農地貸付けを中止し、又は廃止する場合の特
　　定貸付農地の適切な利用等の確保等を図るため、次のとおり協定を締結する。

（協定の区域）

第2　この協定の区域は、別表に掲げる土地とする。

（特定貸付農地の適切な管理及び運営の確保に関する事項）

第3　開設者は、特定都市農地貸付けを受けた者（以下「借受者」という。）に対して
　　行う農作物等の栽培に関する指導体制を整備するものとする。

2　開設者は、借受者が、契約期間中において正当な理由がなく特定都市農地貸付けを
　　受けた農地（以下「借受農地」という。）の耕作の放棄又は管理の放棄を行ったとき
　　には、借受者が借受農地の耕作又は管理の再開を行うよう指導しなければならない。

3　開設者は、借受者から返還を受けた農地又は貸付けていない農地について適切な
　　管理を行わなければならない。

4　開設者は、借受者が、他の借受者の利用の妨げにならないように指導を行うととも
　　に、借受者間に紛争が生じた場合には適切に仲裁しなければならない。なお、○○市
　　は、開設者から仲裁に関して協力の要請を受けた場合は、誠意を持って対応するもの
　　とする。

（特定貸付農地の利用が周辺地域に支障を及ぼさないことを確保するために必要な事
　　項）

第4　開設者は、市民農園の整備に当たり、既存水路の分断、既存の農業用水を利用す
　　る場合等には、水の利用及び排水等について地域の関係者と調整を行わなければな
　　らない。

2　開設者は、地域において行う航空防除、共同防除等の病害虫の防除の計画を把握し、
　　借受者に適切に指導するものとする。

3　開設者は、借受者が市民農園の周辺の住民、周辺農地等に迷惑を及ぼさないよう指
　　導しなければならない。

4　○○市は、開設者から1から3に関して指導等の要請があったときには、誠意を持
　　って協力するものとする。

（特定都市農地貸付けを中止し、又は廃止する場合において、特定貸付農地の適切な利用等を確保するために必要な事項）

第5 開設者は、都市農地の貸借の円滑化に関する法律第11条により準用する特定農地貸付法第3条第4項の規定による特定都市農地貸付けの承認の取消しがあったとき、特定都市農地貸付けを中止若しくは廃止するとき（別途締結する賃貸契約の期間が満了した時を含む。以下同じ。）には、市民農園の用地を原状に回復し、農地の所有者に返還するものとする。

2 ○○市は、開設者が前項の規定による原状回復を行わないときには、開設者に替わって原状回復を行うものとし、その費用は開設者が負担するものとする。

なお、農地の所有者が原状回復を求めないときにはこの限りでない。

3 開設者は、特定農地貸付けを廃止する場合には、6ヶ月間の予告期間をおいて行うものとする。

4 開設者は、都市農地の貸借の円滑化に関する法律第11条により準用する特定農地貸付法第3条第4項の規定による特定都市農地貸付けの承認の取消しがあったとき、特定都市農地貸付けを中止若しくは廃止するとき、又は協定を廃止したときは、現に適切な利用をしている借受者の利用の継続ができるよう他の市民農園の斡旋を行うものとする。

5 ○○市は、第4項の他の市民農園の斡旋が適切に行われるよう、開設者に対し必要な助言その他の支援を行うものとする。

（開設者が○○市及び所有者に対して行う協定の実施状況についての報告に関する事項）

第6 開設者は、市民農園の適切な管理及び運営の状況並びに周辺地域への支障の回避措置等について、○○市及び所有者に定期的に報告しなければならない。

（実施調査等）

第7 ○○市及び所有者は協力して、市民農園の管理及び運営の状況並びに周辺地域への支障の回避措置等について確認するため、必要に応じて実施調査、関係者からの聞取り等による調査を行うものとする。

（協定に違反した場合の措置）

第8 所有者は、開設者が第3の2及び3、第4の1から3に違反したと認めたときには、開設者と締結する賃貸借（使用貸借）契約を解除するものとする。

2 前項に基づき賃貸借（使用貸借）契約が解除されたときは、開設者は自らの負担で市民農園の用地を原状に回復し、所有者に返還するものとする。なお、この場合、本協定第5の3及び4を準用するものとする。

（開設者が特定貸付農地を適切に利用していない場合の協定の廃止）

第9 ○○市は、開設者が正当な理由なく特定貸付農地の管理の放棄を行っているなど、特定貸付農地を適切に利用していないと認める場合には、本協定を廃止するものとする。

2 前項に基づき本協定が廃止されたときは、開設者は自らの負担で市民農園の用地

を原状に回復し、所有者に返還するものとする。なお、この場合、本協定第5の3から5までを準用するものとする。

　この協定の証として、本書○通作成し、開設者、○○市及び所有者が記名押印のうえ、各自1通を保有する。

○○○○年○○月○○日

　　　　　　　　　　NPO法人○○○　　住所　○○市○○町○-○
　　　　　　　　　　　　　　　　　　　　　　NPO法人　理事長　○○○○　　印
　　　　　　　　　　○○市　　　　　　住所　○○市○○町○-○
　　　　　　　　　　　　　　　　　　　　　　○○市長　　　　　　○○○○　　印
　　　　　　　　　　○○○○　　　　　住所　○○市○○町○-○
　　　　　　　　　　　　　　　　　　　　　　　　　　　　　　　　○○○○　　印

別表

土地の一覧表

番号	土地の所在	地　目	利用状況	面積（㎡）
1	○○○○○○○○○○	畑	露地野菜を栽培している	○○○○

（平30・8・31　30農振1660を参考に作成）

第5章 市民農園 159

○特定都市農地貸付けの承認申請書

様式例第7号の1

特定都市農地貸付けの承認申請書

〇〇〇〇年〇〇月〇〇日

〇〇市農業委員会会長　殿

申請者住所　〇〇市〇〇町〇−〇
氏名＜名称・代表者＞ ＮＰＯ法人〇〇〇 (印)
　　　　　　　　　　 理事長　〇〇〇〇

※ 法人の場合は事務所の住所地、法人の名称及び代表者の氏名を記載

※ 申請者の氏名（法人はその代表者の氏名）を自署する場合は、押印を省略できる

　都市農地の貸借の円滑化に関する法律（平成30年法律第68号）第11条において準用する特定農地貸付けに関する農地法等の特例に関する法律（平成元年法律58号）第3条第1項（都市農地の貸借の円滑化に関する法律施行令（平成30年政令第234号）第2条において準用する特定農地貸付けに関する農地法等の特例に関する法律施行令（平成元年政令第58号）第4条第1項）の規定に基づき、特定都市農地貸付けについて、下記の書面を添えて承認を申請します。

記

1　貸付規程
2　特定都市農地貸付けの用に供する農地の位置及び附近の状況を表示する図面
3　協定

注）本申請に係る都市農地の所有者が当該都市農地に係る農林漁業の業務に従事する場合には、業務の従事の計画を記載した書面についても添付すること（別添例参照）

別添

都市農地所有者の農林漁業の業務への従事計画

　特定都市農地貸付けの承認の申請に係る都市農地の所有者の農林漁業の業務への従事の計画は以下のとおりとする。

(年間の従事する業務及び日数等について記載)
当該生産緑地所有者は下記の農作業等の業務に年間40日以上従事します。 1. 市民農園利用者に対する栽培技術・農作物等に関する助言 2. 市民農園の見回り・環境の整備 3. 周辺住民からの相談対応 4. 収穫祭等交流会への参加 5. その他本市民農園の管理等に関わる事項 　　（※　上記のとおり相違ありません　氏名　〇〇〇〇　　印）

※ 本欄に申請に係る都市農地の所有者の押印又は自署をするか、当該所有者の農林漁業の業務への従事の計画を記載した賃貸借等の契約書その他の書類を添付すること。

（平30・8・31　30農振1660　様式例第7号の1）

160　第5章　市民農園

○特定都市農地貸付規程

特定都市農地貸付規程

（目　的）
第1　この規程は、農業者以外の者が野菜や花等を栽培して、自然にふれ合うとともに、農業に対する理解を深めること等を目的にNPO法人〇〇〇〔貸付主体の名称〕が行う特定都市農地貸付け（以下「貸付け」という。）の実施・運営に関し必要な事項を定める。

（貸付主体）
第2　本貸付けは、NPO法人〇〇〇が実施するものとする。

（貸付対象農地）
第3　貸付けに係る農地（以下「貸付農地」という。）の所在、地番、面積及びNPO法人〇〇〇が貸付農地について有し、又は取得しようとする所有権又は使用及び収益を目的とする権利の種類（貸付農地について所有権又は使用及び収益を目的とする権利の種類（貸付農地について所有権又は使用及び収益を目的とする権利を取得する場合は、貸付農地の所有者の氏名及び住所を含む。）は、別表のとおりとする。

（貸付条件）
第4　貸付条件は、次のとおりとする。
(1)　貸付期間は、5年間とする。
(2)　貸付けに係る賃料は、1区画当たり年間〇〇〇〇円とする。（※）
(3)　貸付けを受ける者（以下「借受者」という。）は、賃料を毎年5月1日までにNPO法人〇〇〇に支払うものとする。
2　貸付農地において次に掲げる行為をしてはならないものとする。
(1)　建物及び工作物を設置すること。
(2)　営利を目的として作物を栽培すること。
(3)　貸付農地を転貸すること。

（募集の方法）
第5　貸付けを受けようとする者の募集は、新聞広告に掲載するほか、チラシ、掲示等による一般公募とする。
2　募集期間は、当該募集に係る農地を貸し付けることとなる日の60日前から30日間とするものとする。

（申込みの方法）
第6　貸付けを受けようとする者は、第5の2に規定する募集期間内にNPO法人〇〇〇へ申込書を提出しなければならないものとする。

第5章　市民農園　　161

（選考の方法）

第7　NPO法人○○○は、第6の規定に基づき申込をした者の中から借受者を決定する
　　ものとする。

2　申込みをした者の数が募集した数を上回る場合は抽選により借受者を決定するも
　のとする。

3　NPO法人○○○は、1又は2により借受者を決定した場合はその旨を当該者に通知
　するものとする。

（貸付農地の管理・運営等）

第8　NPO法人○○○は、貸付農地及び施設の適切な維持・管理及び運営を図るため
　　管理人等を設置する。

2　管理人と当該生産緑地の所有者は、次の業務を行う。

(1)　貸付農地及び施設の見回り並びに借受者に対する必要な指示

(2)　貸付農地における作物の栽培等の指導

（貸付契約の解約等）

第9　次の各号に該当するときは、貸付契約を解約することができる。

(1)　借受者が貸付契約の解約を申し出たとき

(2)　第4の2に掲げる行為をしたとき

(3)　貸付農地を正当な理由なく耕作しないとき

（貸付農地の返還）

第10　借受者は、第4の1の(1)の規定により貸付期間が終了したとき又は第9の規定に
　　よる解約をしたときは、すみやかに貸付農地を原状に復し返還しなければならない。

（賃料の不還付）

第11　既に納めた賃料は、還付しない。ただし、次に掲げる事由に該当する場合は、
　　その一部又は全部を還付することができる。

(1)　借受者の責任でない理由で貸付けができなくなった場合

(2)　NPO法人○○○が相当な理由があると認めたとき

別　表

番号	所在	地番	地　目		面積 (㎡)	位置	権利の種類	所有者	
			登記簿	現況				住所	氏名
(例) 1〜10 11〜20 計	○市字○○ ○市字○○	○○番 ○○番	田 畑	畑 畑	各60 各60 1,200	別図のとおり	賃借権 賃借権	○市○番 ○市○番	○○○○ ○○○○

別　図

1	2	3	4	5	6	7	8	9	10
11	12	13	14	15	16	17	18	19	20

N

※区画の面積によって賃料が異なる場合は、その旨記載します。

（平30・8・31　30農振1660を参考に作成）

第5章　市民農園　　163

○農園用地貸付けを行った旨の証明書

様式22号（第2の1の(36)関係）

農園用地貸付けを行った旨の証明書

証　明　願

○○○○年 ○○月 ○○日

○○市 農業委員会長　殿

申請者　　住所○○市○○町○-○
氏名○○○○　　　　印

　私は、租税特別措置法第70条の6の4第1項の規定の適用を受けるため、特定農地貸付けに関する農地法等の特例に関する法律（以下「特定農地貸付法」という。）第3条第3項の承認（都市農地の貸借の円滑化に関する法律第11条において準用する特定農地貸付法第3条第3項の承認を含む。）を受けた下記の農地について、農園用地貸付けを行ったこと及び当該農園用地貸付けが租税特別措置法第70条の6の4第2項第3号ロに掲げるものである場合は、当該承認の申請書に同号ロに規定する貸付協定が添付されたものであることを証明願います。

記

所 在 地 番	地 目	面 積	租税特別措置法第70条の6の4第2項第3号イからロの該当状況 （該当項目に○を記入）		
			イ	ロ	ハ
○○○○	畑	2,610 ㎡			○

承認年月日	貸付けを行った年月日
○○○○ 年○○月○○日	○○○○ 年○○月○○日

第 ○○ 号

　上記のとおり相違ないことを証明する。

○○○○ 年○○月○○日
○○市 農業委員会長　○○○○　印

（昭51・7・7　51構改B1254　様式22号）

164　　　　　　　**第5章　市民農園**

○相続税の納税猶予の認定都市農地貸付け等に関する届出書

相続税の納税猶予の認定都市農地貸付け等に関する届出書

（税務署受付印）

平成○○年○○月○○日

※欄は記入しないでください。

　　　○○○　税務署長

届出者　住所（居所）　〒 ○○○−○○○○
　　　　　　　　　　　○○市○○町○−○

　　　　　氏　名　　○○○○　㊞

　　　　　（電話番号　　−　　−　　）

租税特別措置法第 70 条の 6 の 4 第 2 項（第 2 号 第 3 号）に規定する（認定都市農地貸付け 農園用地貸付け）を行った下記の特例農地等については同条第 1 項の規定の適用を受けたいので、同項の規定により届け出ます。

1　被相続人等に関する事項

被 相 続 人	住　所（居　所）	○○市○○町○−○	氏　名	○○○○

届出者が被相続人から特例農地等を相続（遺贈）により取得した年月日　（昭　和 平　成）○○年 ○○月 ○○日

2　認定都市農地貸付け等に関する事項

（注）下記の(3)の貸付けを行った場合、①欄及び③欄の記載は不要であり、②欄には「租税特別措置法第 70 条の 6 の 4 第 2 項第 3 号ロの貸付規程に基づく最初の貸付けの年月日」を記載して下さい。

①借り受けた者	住所（居所）又は本店（主たる事務所）の所在地	○○市○○町○−○	氏　名又は名　称	NPO法人○○○　理事長　○○○○
②認定都市農地貸付け等を行った年月日	平成○○年○○月○○日	③賃借権等の存続期間	自：平成　○○ 年　○○ 月　○○ 日　至：平成　○○ 年　○○ 月　○○ 日	

上記の貸付けは、次の貸付けにより行いました。（該当する番号を○で囲んでください。）

【認定都市農地貸付け】
　(1)　都市農地の貸借の円滑化に関する法律に規定する認定事業計画に基づく貸付け

【農園用地貸付け】
　(2)　特定農地貸付けに関する農地法等の特例に関する法律（以下「特定農地貸付法」といいます。）の規定により地方公共団体又は農業協同組合が行う特定農地貸付けの用に供されるための貸付け
　(3)　特定農地貸付法の規定により農業相続人が行う特定農地貸付け（その者が所有する農地で行うものであって、一定の貸付協定を市町村と締結しているものに限ります。）
　④　都市農地の貸借の円滑化に関する法律の規定により地方公共団体及び農業協同組合以外の者が行う特定都市農地貸付けの用に供されるための貸付け
　□　上記の(2)～(4)の貸付けが市民農園整備促進法の規定による認定に係るものである場合（該当する場合には、チェックを入れてください。）

上記の認定都市農地貸付け等を行った特例農地等の明細は、付表 1 のとおりです。（※）

3　平成 30 年 8 月 31 日以前の相続（遺贈）について納税猶予の適用を受けている農業相続人（相続（遺贈）により取得した日において特例農地等のうちに都市営農農地等を有しない農業相続人に限ります。）が有する特例農地等に関する事項

農業相続人が有する特例農地等の取得をした日における当該特例農地等の区分は、付表 2 の 1、同 2 の 2 及び同 2 の 3 のとおりです。

関与税理士	○○○○　印	電話番号	○○○−○○○−○○○○

※	通信日付印の年月日	確認印	整理簿番号
	年　　月　　日		

（資 12−130−1−A 4 統一）（平 30.9）

※付表1はCase23と同じ
付表2の1～2の3　〔略〕

（国税庁ウェブサイト）

第 6 章

地目変更

166

第6章　地目変更　　167

Case27　現況が宅地で登記地目が畑の土地の登記地目を変更したい

　自宅の敷地は、登記簿上は地目が畑ですが、現況が宅地となっています。自宅敷地を地目変更する手続はどのようなものなのでしょうか。

◆チェック

□　転用許可を得ているか
□　土地の現況が宅地として認められるか
□　非農地証明を得ているか
□　原状回復命令が見込まれる違法転用事案でないか

解　説

1　転用許可を得ているか

POINT

　農地を農地以外の目的に利用しようとする場合には、農地転用について農業委員会等の許可を受ける必要があります（農地4①・5①）。現況主義の登記実務であっても、現況の変更が先行して農地が農地以外の利用目的に供されている場合、転用許可を取得してから地目変更登記をするよう申請人に助言する取扱いが登記実務の通例となっています。

　表示に関する登記は、現況主義となっており、対象土地の現況に即して地目が決まるのが原則です。もっとも、農地に関しては現況主義と農地行政運営との調和に配慮し、地目変更の認定を厳正に行うことが求められます。

　そのため、地目変更登記申請をするに先立って、農地転用の許可を受けておくことが重要です。なお、農地転用許可についての詳細は、Case17をご参照ください。

2　土地の現況が宅地として認められるか

POINT

　農地を宅地に地目変更するためには、農地転用の許可を得るだけではなく、当

該土地の現況が宅地として認められる必要があります。

　建物を建築する目的で農地転用の許可を得たとしても、それだけで登記上の地目が宅地に変更できるわけではありません。

　登記上の地目は、現況主義により判断することから、当該土地の状況がいかなるものか現況を評価して判断することになります。

　登記実務上、当該土地に対し宅地造成工事が完了しているだけでは、現況が宅地と認められるのは難しいです。当該土地が建物の敷地に供されているとき又は当該土地が建物敷地に供されることが近い将来に確実に認められるときでなければ現況が宅地とは判断されません。

　当該土地が建物敷地に供されることが近い将来に確実に認められるか否かは、建物の基礎工事が完了しているか、当該土地を敷地とする建物建築について建築確認がされているか等の事情から判断することになります。

3　非農地証明を得ているか

POINT

　転用許可を受けていない場合であっても、非農地証明の対象となる土地については、農業委員会に非農地証明願を提出して、当該農地について非農地証明を受けることができます。

　以下の土地は原則として非農地証明の対象となります。
・農地法施行日以前から非農地であった土地、自然災害による災害地等で農地への復旧ができないと認められる土地
・耕作不適・耕作不便等やむを得ない事情によって10年以上耕作放棄されたため自然潰廃した土地で、農地への復旧が認められない土地
・人為的に転用した土地で、転用事実行為から既に15年以上経過しており、その開発行為及び建築行為などにつき他法令の許認可を受けているか又は受ける見込みがあり、農地行政上も特に支障がないと認められる土地
・農業用施設等に転用された土地
・その他農地転用許可を要しない事案で転用行為が完了している土地
　非農地証明対象土地について非農地証明を受けようとする場合、当該土地の全部事項証明書、附近見取図、公図の写し、その他必要に応じて農地でなくなった事由を証明する資料及び現況写真等の農業委員会が必要と認める書類を添付して農業委員会へ

証明願を提出します。

非農地証明は、地目変更登記申請書に添付して法務局へ提出します。

4　原状回復命令が見込まれる違法転用事案でないか

POINT

　地目変更登記申請書に、転用許可書や非農地証明といった書類を添付できない場合、登記官から農業委員会へ当該土地について転用許可の有無や現況が農地であるかについて照会がされます。なお、違法転用で原状回復命令が見込まれる事案については、登記官は登記事項の処理を留保し、農地の原状回復命令が出た場合、登記申請を却下するのが登記実務における取扱いです。

　地目変更登記申請書には、非農地証明か転用許可書を添付するのが原則です。もしも地目変更登記申請書に転用許可書や非農地証明といった書類を添付できない場合、登記官から農業委員会へ当該土地について転用許可の有無や現況が農地であるかについて照会がされ、農業委員会の回答を待って登記事案の処理が行われます。

　しかしながら、違法転用に係る事案で原状回復命令が見込まれる事案については、登記官は登記事項の処理を留保し、農地の原状回復命令が出た場合、登記申請を却下するのが登記実務における取扱いです。

　また、登記実務では、転用許可や非農地証明といった農地法所定の手続を経ていない事案については、農地法所定の手続を経た上で地目変更登記申請を行うようにといった行政指導がなされ、仮に、現況の変更が先行して農地が農地以外の利用目的に供されている場合であっても転用許可を取得してから地目変更登記をするよう申請人に助言する取扱いが通例となっています。そのため、非農地証明や転用許可書を添付せず、登記官による照会を期待して地目変更登記申請をするのは、やむを得ない場合に限定することが重要です。

【参考書式】
○非農地証明願

非 農 地 証 明 願

○○○○年○○月○○日

○○市農業委員会
　　会長　○○○○　様

願人　　　住所○○市○○町○−○
　　　　　氏名○○○○　印

　上記の者が所有する下記の土地について農地法第 2 条の農地又は採草放牧地でないことを証明願います。

記

1．土地の表示

大字	字	地番	地目	面積(㎡)	所有者	利用状況等	備考
○○市○○町	○○	○○	田	○○	○○○○	宅地	

2．当該地が非農地となった時期及び事由等
　　　昭和○○年○○月○○日に家屋を建て、その敷地として使用し、現在に至ります。

3．添付書類
　　(1) 登記事項証明書（全部事項証明書）
　　(2) 公図の写（隣接地の地目、所有者名を記入したもの）
　　(3) 附近見取図
　　(4) その他必要な書類

第 ○○ 号

　上記の土地は、願のとおり農地法第2条の農地又は採草放牧地でないことを証明する。

　　○○○○年○○月○○日

○○市農業委員会会長　　○○○○

第6章　地目変更　171

Case28 登記地積と実測面積に乖離があるので登記地積を更正したい

　所有農地の実測による地積は、登記簿上の地積を著しく上回っており、いわゆる縄伸び状態にあります。所有農地を売却するに当たり、地積更正を行う必要があるので、登記地積と実測面積に乖離がある場合の地積更正登記について教えてください。

◆チェック

☐　土地境界確定測量を行ったか

解　説

1　土地境界確定測量を行ったか

POINT

　土地地積更正登記申請をする際には、地積測量図を添付する必要があります。地積測量図を作成するに当たり、土地の境界確定測量を実施する必要があります。高度な専門的知見が必要不可欠であり、土地家屋調査士へ協力を求める必要があります。

　土地の境界確定測量では、対象土地に隣接する全ての土地所有者の立会承諾を得た後、境界標を設置し土地の境界を確定する必要があります。

　測量には専門的な器械や測量知識及び技能や隣接土地所有者との調整といった高度な専門的知見が要求されます。

　そのため、地積更正に関する専門的知見を具備した土地家屋調査士へ相談することが重要です。土地家屋調査士に境界確定測量及び地積更正登記申請に関する手続を委任し、協力を得ることが重要です。

第 7 章

生産緑地

174

第7章　生産緑地　175

Case29　主たる従事者の死亡により生産緑地の行為制限を解除したい

　父親が死亡し、相続税を納付するため、私が相続する一部の生産緑地の行為制限を解除し、住宅用地として売却したいと考えています。

　どのような手続が必要ですか。また、留意する事項はありますか。

◆チェック

□　父親は当該生産緑地の主たる従事者であったか
□　買取申出する生産緑地は貸借等を行っていないか
□　遺産分割はなされているか
□　手続には一定の期間を要する

解　説

1　父親は当該生産緑地の主たる従事者であったか

POINT

　被相続人が生産緑地の主たる従事者であったことは買取申出ができる要件の1つであり、また、そのことについては農業委員会の証明が必要です。

　生産緑地の行為制限を解除するためには、市町村長に買取申出をすることが必要です。

　市町村長に生産緑地の買取申出ができる事由は、①指定告示より30年経過をしたとき（生産緑地10①）、②主たる従事者の死亡や一定の故障（生産緑地10②）に限られます。

　そのため、生産緑地の所有者が死亡し相続が発生したときに、その相続人が当該生産緑地の買取申出をしようとするときは、被相続人（本ケースでは父親）が主たる従事者であったとの農業委員会の証明が必要となります（生産緑地則6）。

　なお、一定の故障については、生産緑地法施行規則5条に規定され、市町村長による認定が必要となります。

【生産緑地法施行規則5条（抜粋）】
（農林漁業に従事することを不可能にさせる故障）
一　次に掲げる障害により農林漁業に従事することができなくなる故障として市町村

長が認定したもの

イ　両眼の失明

ロ　精神の著しい障害

ハ　神経系統の機能の著しい障害

ニ　胸腹部臓器の機能の著しい障害

ホ　上肢若しくは下肢の全部若しくは一部の喪失又はその機能の著しい障害

ヘ　両手の手指若しくは両足の足指の全部若しくは一部の喪失又はその機能の著しい障害

ト　イからへまでに掲げる障害に準じる障害

二　1年以上の期間を要する入院その他の事由により農林漁業に従事することができなくなる故障として市町村長が認定したもの

2　買取申出する生産緑地は貸借等を行っていないか

POINT

生産緑地を貸借していると借受人が主たる従事者となり、原則貸付者である生産緑地の所有者の死亡による買取申出はできないと解せますが、都市農地貸借円滑化法による貸付け、若しくは特定農地貸付法等により市民農園を開設している生産緑地については、例外規定があります。

生産緑地を貸借しているときは、原則、その生産緑地の借受人が主たる従事者に当たることから、相続人は、貸付人（所有者）が死亡したときにおいて、生産緑地の買取申出はできないと解せます。

ただし、例外として、①都市農地貸借円滑化法による貸付け、若しくは、②特定農地貸付法等により市民農園を開設している生産緑地については、貸付人（所有者）が、当該生産緑地の主たる従事者（借受人等）の年間に従事する日数の1割以上農業の業務に従事している場合には、主たる従事者として認められることが規定されています（生産緑地則3二）。

この場合に、生産緑地の相続人が買取申出するに当たり、まず、借受人から生産緑地の返還を受けることが前提となります（生産緑地10①）。

3　遺産分割はなされているか

POINT

生産緑地の買取申出ができる者は、当該生産緑地の所有者のみに限定されます。

生産緑地の買取申出ができる者は、その生産緑地の所有者に限られています（生産緑地10①）。そのため、相続の際に、生産緑地の買取申出を行おうとするときは、原則、

当該生産緑地を相続する者が遺産分割協議書等により確定されていることが必要です。

4 手続には一定の期間を要する

> **POINT**
> 生産緑地の行為制限を解除し農地転用をするときは、一定程度の期間を要します。

主たる従事者証明は、農業委員会の総会等を経て交付される場合があり、そのときは、申請から交付まで約1か月～2か月程度の期間を要します。また、生産緑地の買取申出は、申請から行為制限の解除までは法令上3か月程度の期間を要します（市町村長が生産緑地を買い取らない場合等）。その後農地転用をし売却した収益を相続税の納付に充てるときは、手続の期間と相続税の申告期限を考慮することが重要です。

生産緑地の行為制限解除までの手続は、①生産緑地の主たる従事者の証明を当該生産緑地のある農業委員会より得た後に、②主たる従事者証明等を添付して、市町村長への生産緑地の買取申出を担当課（都市計画関係課等）に行います（生産緑地10）。当該生産緑地が市町村長等により買い取られないときは行為制限が解除されます（生産緑地14）。その後、住宅用地等として売却するときは、③農業委員会に農地法5条の届出（Case16参照）を行います。

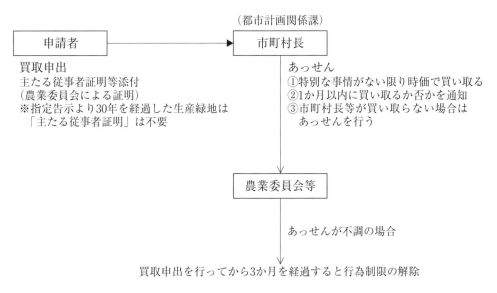

＜生産緑地の行為制限解除の手続フロー＞

（農林水産省ウェブサイトをもとに作成）

【参考書式】
○生産緑地に係る農業の主たる従事者についての証明申請書

生産緑地に係る農業の主たる従事者についての証明申請書

申請日　〇〇〇〇年〇〇月〇〇日
申請者　氏名 〇〇〇〇　　　印
　　　　住所 〇〇県〇〇市〇〇町〇-〇

〇〇市 農業委員会長　殿

　生産緑地法第10条の規定に基づき買取り申出する下記の生産緑地について、下記の期日において、下記の者が、生産緑地法第10条の規定に基づく「農業の主たる従事者（生産緑地法施行規則第2条の規定に基づく「一定割合以上従事している者」に該当する者含む)」であることを証明願います。

記

1.「農業の主たる従事者」であったことの証明を受けたい期日
　〇〇〇〇年〇〇月〇〇日

2. 買取り申出をする生産緑地

所　　　　　在	面　　積
〇〇県〇〇市〇〇町〇〇番地	〇〇〇〇　m²

※ 複数の生産緑地について買取り申出をする場合はその全筆を記入する。

3. 買取り申出の事由が生じた者

氏　　名	住　　　所	申請者との関係
〇〇〇〇	〇〇県〇〇市〇〇町〇-〇	父

- -

生産緑地に係る農業の主たる従事者についての証明書

　上記の期日において、上記の者が、生産緑地法第10条に基づき買取り申出のあった当該生産緑地にかかる「農業の主たる従事者（生産緑地法施行規則第3条の規定に基づく「一定割合以上従事している者」に該当する者を含む)」であることを証明する。

　〇〇〇〇年〇〇月〇〇日

〇〇市 農業委員会長　〇〇〇〇　　　印

○生産緑地買取申出書

別記様式第二（第五条関係）

生　産　緑　地　買　取　申　出　書

○○○○ 年○○ 月○○ 日

○○市長　殿

申出をする者	住　　所	○○県○○市○○町○－○
	氏　　名	○○○○

生産緑地法第10条の規定に基づき、下記により、生産緑地の買取りを申し出ます。

記

1　買取り申出の理由
2　生産緑地に関する事項

所在及び地番	地　目	地　積	当該生産緑地に存する所有権以外の権利		
			種　類	内　容	当該権利を有する者の氏名及び住所
○○市○○町○○番地	畑	○○○○m²	－	－	

3　参考事項
　(1)　当該生産緑地に存する建築物その他の工作物に関する事項

所在及び地番	用途	構造の概要	延べ面積	当該工作物の所有者の氏名及び住所	当該工作物に存する所有権以外の権利		
					種類	内容	当該権利を有する者の氏名及び住所
－	－	－	－ m²				

　(2)　買取り希望価額　　　　○○○○万円
　(3)　その他参考となるべき事項　特になし

（生産緑地則別記様式第2）

180　　第7章　生産緑地

Case30　特定生産緑地の指定を受けたい

　平成4年に指定を受けた生産緑地を所有しています。

　2022年には指定告示より30年を迎え、いつでも生産緑地の買取申出ができるようになりますが、相続税納税猶予制度の適用を受けています。

　特定生産緑地の指定を受けるメリットと留意点、指定の手続等を教えてください。

【背景（2022年問題）】

　平成3年1月1日現在で三大都市圏の特定市の市街化区域の農地は、平成4年に生産緑地に指定するか、指定しないかのどちらかを選択しなくてはならないことになりました。

　生産緑地の指定を受けると、固定資産税等が農地評価になるなど税制のメリットが受けられる一方で、農地転用等の制限が課せられます。

　これらの制限を解除するためには、市町村長へ生産緑地の買取申出を行う必要がありますが、買取申出には事由が必要で、その事由の一つとして、指定告示より30年を経過することがあります（Case29参照）。

　2022年には、全国の生産緑地の約8割が指定告示より一斉に30年を迎え、買取申出が可能になることから、2022年問題といわれています。

　国土交通省は、2022年問題の対応として、生産緑地法の一部改正を施行し、生産緑地の指定告示から30年が経過する前に、買取申出ができる期限を所有者等の申請により10年延長する特定生産緑地制度が2018年4月1日に施行されました。

　なお、第一種生産緑地は、特定生産緑地制度の対象除外となります（従来の制度が継続）。

◆チェック

□　特定生産緑地の指定を受けるメリットとは
□　特定生産緑地は生産緑地の指定告示より30年を経過すると指定することはできない
□　農地等利害関係人全員の同意を得る
□　特定生産緑地の指定の申請手続は市町村ごとに行う

第 7 章 生産緑地　　181

解　説

1　特定生産緑地の指定を受けるメリットとは

> **POINT**
>
> 　特定生産緑地の指定を受けないと、いつでも買取申出が可能となる一方で、固
> 定資産税等の税制上のメリットが受けられなくなります。

　特定生産緑地の指定を受けないと、固定資産税と都市計画税が5年をかけて上昇を
し、最終的に生産緑地の指定を受けていない特定市の市街化区域の農地と同様の課税
評価となります（地方税法附則19の2）。加えて、平成3年1月1日現在で三大都市圏の特定
市の市街化区域の農地では、新たに相続税納税猶予制度の適用を受けることができな
くなります（適用中の同制度の適用は継続します。）（租特70の6・70の6の4）。

　特に、相続税納税猶予制度は営農を継続することを前提に適用を受けていると想定
されますので、同制度適用農地については、特定生産緑地の指定を受けることが賢明
であると考えます。

2　特定生産緑地は生産緑地の指定告示より30年を経過すると指定することは　できない

> **POINT**
>
> 　特定生産緑地は指定告示より30年を経過すると、指定することができません。
> 特定生産緑地制度のみならず、原則、従来の生産緑地（期間＝30年）の指定を再
> 度受けて税の控除を適用することはできません。

　特定生産緑地は、指定告示より30年（申出基準日といいます。）を経過すると指定す
ることができません（生産緑地10の2②）。

　なお、特定生産緑地の指定を受けず30年を経過した場合、当初の指定を受けている
生産緑地は行為制限を解除しない限り継続されているという制度上の取扱いから、再
度、従来の生産緑地（30年継続）の指定を受けて固定資産税等の控除を適用するとい
ったことはできません（生産緑地の買取申出をして行為制限解除をした後に再指定す
ることは制度上可能です。）。

　そのため、生産緑地の所有者は、生産緑地の筆ごとの指定告示年月日、相続税納税
猶予制度の適用の有無について、正確に把握することが重要です。

　また、特定生産緑地の指定には、市町村都市計画審議会の意見を聴かなくてはなら
ない（生産緑地10の2②）など、市町村の指定作業に一定の期間を要することから、最終

182 第7章 生産緑地

的な指定の受付日について、十分に把握しておくことが大切です。

なお、特定生産緑地の指定を受けた後は、以後10年ごとに特定生産緑地の指定を受けるか受けないかの選択をすることになります（生産緑地10の3②）。

3 農地等利害関係人全員の同意を得る

> **POINT**
>
> 特定生産緑地の指定には、農地等利害関係人全員の同意が必要なため、特定生産緑地の指定に当たり、農地等利害関係人の同意を得る必要があります。

特定生産緑地の指定には、農地等利害関係人の同意が必要となります（生産緑地10の2③）。農地等利害関係人とは「所有権、対抗要件を備えた地上権若しくは賃借権又は登記した永小作権、先取特権、質権若しくは抵当権を有する者及びこれらの権利に関する仮登記若しくは差押えの登記又は農地等に関する買戻しの特約の登記の登記名義人」と規定されています（生産緑地3④）。

特に、生産緑地が共有地であった場合はその共有者、都市農地貸借円滑化法等により賃貸借している場合は賃借人が農地等利害関係人に当たることから、特定生産緑地の指定に当たってはこれらの者から同意を得る必要があります。

なお、相続税納税猶予制度の適用に当たり、生産緑地に設定された財務省の抵当権については市町村が一斉に同意を得る手続を行います。

4 特定生産緑地の指定の申請手続は市町村ごとに行う

> **POINT**
>
> 特定生産緑地の指定の申請手続は、市町村ごとに行います。また、制度上、指定の提案制度が設けられています。

特定生産緑地は、都市計画決定権者である市町村長が指定します（生産緑地10の2①）。

そのため、指定の手続は、市町村ごとに行うことになりますが、受付期間・申請様式等は法令により定められていません。

指定を受けるためには、市町村の都市計画関連課等に申請を行うことになりますが、通常は、対象者に、市町村から特定生産緑地の指定手続等についての案内がされます（郵送等）。

なお、特定生産緑地の指定の受付が行われない場合等に備え、生産緑地法に生産緑地所有者からの指定についての提案制度が設けられています（生産緑地10の4）。

第7章　生産緑地

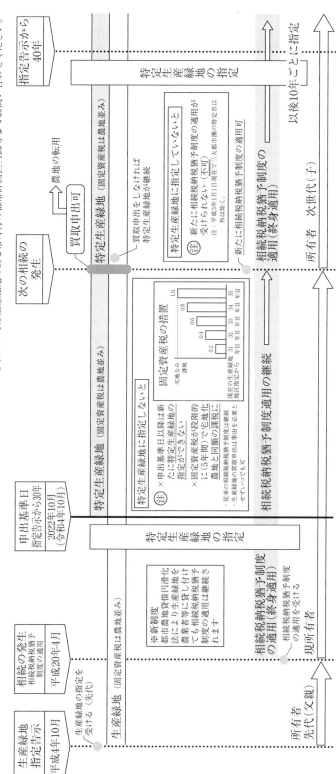

〈特定生産緑地指定の例〉

((一社) 東京都農業会議リーフレットをもとに作成)

【参考書式】

○特定生産緑地指定申請書兼同意書

令和〇〇年〇〇月〇〇日

〇〇市長　殿

申請者	住　所	〇〇県〇〇市〇〇町〇ー〇
	氏　名	〇〇〇〇
	連絡先	〇〇〇ー〇〇〇ー〇〇〇〇

特 定 生 産 緑 地 指 定 申 請 書 兼 同 意 書

特定生産緑地への指定について、農地等利害関係人の同意を取得した上、以下のとおり希望します。

1　特定生産緑地希望の有無記入欄

申請番号	生産緑地地区番号	所在	地積 ㎡	猶予	生産緑地指定日	申出基準日	特定生産緑地指定指定希望の有無
1	234	〇〇〇〇〇〇	2,300	〇	平成4年10月1日	2022年10月1日	⦅指定⦆・指定しない
2							指定・指定しない
3							指定・指定しない
4							指定・指定しない
17							指定・指定しない
18							指定・指定しない
19							指定・指定しない
20							指定・指定しない

2　農地等利害関係人の同意

申請番号	権利種別	住所・氏名	押印（実印）
1	所有権・抵当権 他（　　　　）	住所：○○県○○市○○町○－○ 氏名：○○○○	
	所有権・抵当権 他（　　　　）		
	所有権・抵当権 他（　　　　）		
	所有権・抵当権 他（　　　　）		
	所有権・抵当権 他（　　　　）		

3　添付書類
　・土地登記簿謄本（全部事項証明書）
　・公図の写し
　・案内図

4　提出先
　○○市都市計画課

186　　第7章　生産緑地

Case31　生産緑地を貸したい

　生産緑地を所有していますが、2018年9月1日に都市農地貸借円滑化法が施行され、生産緑地が貸しやすくなったと聞きます。どのような制度でどのような手続を行うのか教えてください。また、農業者に貸す場合の留意事項はありますか。

◆チェック

□　都市農地貸借円滑化法は生産緑地の貸借に特化した法律
□　生産緑地の貸借は、相続時を考慮すると、貸付人（所有者）が借受人の農業に一定の関与をすることが望ましい
□　賃貸借若しくは使用貸借のどちらとするのか
□　相続税納税猶予制度の適用を受けている生産緑地では貸借後に税務署に届け出ることが必要

解　説

1　都市農地貸借円滑化法は生産緑地の貸借に特化した法律

POINT

　都市農地貸借円滑化法は生産緑地を対象とした貸借の法律制度です。市町村長より事業計画の認定を受け、生産緑地の貸借を行います。

　都市農地貸借円滑化法は生産緑地を貸借するための法律制度です（都市農地貸借2②）。つまり、その他の農地は本制度の対象外となります。

　また、同法により貸借している生産緑地の所有者に相続が発生したときは、その相続人が相続税納税猶予制度の適用を受けることが可能となり、さらに相続税納税猶予制度の適用を受けている生産緑地を貸し付けたときも同制度の適用が継続します。

　(1)　手続の流れ

　同法により生産緑地を貸借するときは、借受人が事業計画を作成し、市町村長から認定を受けます（都市農地貸借4①）。市町村長は事業計画の認定に当たって、農業委員

会の決定を経ます（都市農地貸借4③）。

　事業計画の提出に当たっては、貸借契約書の写し等を添付します（都市農地貸借則1②四）。

　(2)　事業計画の認定基準

　市町村長及び農業委員会は事業計画の認定に当たって、その借受人の区分ごとに要件を満たしているか審査及び確認を行います（都市農地貸借4③）。

① 　地方公共団体及び農業協同組合等

　　都市農業の有する機能の発揮に特に資する基準（下記(4)参照）に適合する方法により都市農地において耕作の事業を行うこと（都市農地貸借4③一）。

② 　農作業常時従事要件（Case2参照）を満たす農業者及び農地所有適格法人

　　上記①の要件に加え、以下の要件の全てを満たすこと。

　ア　地域との調和要件（都市農地貸借4③二）（Case2参照）

　イ　全部効率利用要件（都市農地貸借4③三）（Case2参照）

③ 　その他（①と②以外）の者

　　上記①及び②の要件に加え、以下の要件の全てを満たすこと。

　ア　申請者が事業計画に従って耕作の事業を行っていないと認められる場合に賃貸借等の解除をする旨の条件が書面による契約において付されていること（都市農地貸借4③四）

　イ　地域の農業における他の農業者との適切な役割分担の下に継続的かつ安定的に農業経営を行うと見込まれること（都市農地貸借4③五）

　ウ　上記②以外の法人の場合は、一人以上の業務執行役員若しくは耕作等の事業に関する権限及び責任を有する使用人（農場長等）がその法人が行う農業に常時従事（年間150日以上）すること（都市農地貸借4③六）

　(3)　利用状況の報告

　申請者は認定を受け生産緑地を借り受けた後は、毎年、市町村長に当該生産緑地の利用状況を報告することが必要です（都市農地貸借5）。

　(4)　都市農業の有する機能の発揮に特に資する基準

　上記(2)①の都市農業の有する機能の発揮に特に資する基準は、次の表のとおりです（都市農地貸借則3）。

〈都市農業の有する機能の発揮に特に資する耕作の事業の内容に関する基準〉

基準（次の①、②のいずれにも該当すること）	備　考
① 次のアからウまでのいずれかに該当すること。	基準の運用に当たっては、農業者の意欲や自主性を尊重し、地

	域の実情に応じた多様な取組を行うことができるように配慮が必要。
ア　申請者が、申請都市農地（※）において生産された農産物又は当該農産物を原材料として製造され、若しくは加工された物品を主として当該申請都市農地が所在する市町村の区域内若しくはこれに隣接する市町村の区域内又は都市計画区域内において販売すると認められること。	「主として」とは、金額ベース又は数量ベースでおおむね5割を想定。
イ　申請者が、申請都市農地において次に掲げるいずれかの取組を実施すると認められること。 　a　都市住民に農作業を体験させる取組並びに申請者と都市住民及び都市住民相互の交流を図るための取組 　b　都市農業の振興に関し必要な調査研究又は農業者の育成及び確保に関する取組	aは、いわゆる農業体験農園、学童農園、福祉農園及び観光農園等の取組を想定。 bは、都市農地を試験や研修の場に用いること等を想定（区市・JA等）。
ウ　申請者が、申請都市農地において生産された農産物又は当該農産物を原材料として製造され、若しくは加工された物品を販売すると認められ、かつ、次に掲げる要件のいずれかに該当すること。 　a　申請都市農地を災害発生時に一時的な避難場所として提供すること、申請都市農地において生産された農産物を災害発生時に優先的に提供することその他の防災協力に関するものと認められる事項を内容とする協定を地方公共団体その他の者と締結すること。 　b　申請都市農地において、耕土の流出の防止を図ること、化学的に合成された農薬の使用を減少させる栽培方法を選択することその他の国土及び環境の保全に資する取組を実施すると認められること。 　c　申請都市農地において、その地域の特性に応じた作物を導入すること、先進的な栽培方法を選択することその他の都市農業の振興を図るのにふさわしい農産物の生産を行うと認められること。	aは、農地所有者が防災協力農地として協定を結んでおりその農地で借り手も同様の協定を締結することを想定。 bは、耕土の流出や農薬の飛散防止等を行う取組（防風・防薬ネットの設置等）、無農薬・減農薬栽培の取組等を想定。 cは、自治体や普及センター等が奨励する作物や伝統的な特産物等を導入する取組、高収益・高品質の栽培技術を取り入れる取組、少量多品種の栽培の取組等のほか、従来栽培されていない新たな品種や作物の導入等の地域農業が脚光を浴びる契機となり得る取組を想定。 （都市農業のPRに資するような幅広い取組を認めることが可能）

| ② | 申請者が、申請都市農地の周辺の生活環境と調和のとれた当該申請都市農地の利用を確保すると認められること。 | 農産物残さや農業資材を放置しないこと、適切に除草すること等を想定。 |

※「申請都市農地」とは、事業計画の認定の申請に係る都市農地をいいます。

(農林水産省ウェブサイトをもとに作成)

2 生産緑地の貸借は、相続時を考慮すると、貸付人（所有者）が借受人の農業に一定の関与をすることが望ましい

POINT

　生産緑地の貸借は、相続時を考慮すると、貸付人（所有者）が借受人の農業に一定の関与をすることが望ましいとされます。事業計画認定申請書若しくは契約書に貸付人（所有者）が農作業等の業務に従事する内容、日数等を記載します。

　2018年9月5日に生産緑地法施行規則が改正され「都市農地貸借円滑化法又は特定農地貸付法に基づいて生産緑地を第三者に貸与し、当該生産緑地に係る農林漁業の業務に年間に従事する日数の1割以上従事している所有者を主たる従事者とする」と定められました（生産緑地則3①二）。

　これは、生産緑地を貸借したときも、貸付人（所有者）が主たる従事者になり得るように措置されたもので、これにより、貸付人に相続が発生した場合も、生産緑地の返還を受ければ、その相続人は市町村長に生産緑地の買取申出をすることが可能になります（Case29参照）。

　なお、貸付人が当該生産緑地で少なくとも農業の業務に1割従事する内容については、契約書若しくは申請書に記載をし、実際に従事した内容について、借受人が毎年市町村長に報告をします（都市農地貸借則4①三）。

3 賃貸借若しくは使用貸借のどちらとするのか

POINT

　生産緑地の貸付人（所有者）は、相続時等を考慮し、賃貸借か使用貸借とするのかを考慮することが肝要です。

　生産緑地の貸借に当たり「貸付人に相続があったときは生産緑地を返還する」といった賃貸借契約はできません（農地18⑧）。一方で、使用貸借では可能です。

4　相続税納税猶予制度の適用を受けている生産緑地では貸借後に税務署に届け出ることが必要

> **POINT**
>
> 　相続税納税猶予制度適用農地を貸借したときは、税務署への届出が義務づけられています。

　都市農地貸借円滑化法による生産緑地の貸借は、相続税納税猶予制度の適用が継続されます。そのため、貸借する生産緑地が相続税納税猶予制度の適用を受けているときは、市町村より貸借していることの証明を受けて、管轄の税務署に届け出る必要があります（昭51・7・7　51構改B1254）。

第 7 章　生産緑地

191

【参考書式】
○事業計画の認定申請書（常時従事する農業者への貸付用（賃貸借））（抜粋）

様式例第 1 号の 1

事業計画の認定申請書

〇〇〇〇 年〇〇月〇〇日

市町村長　殿

申請者住所　〇〇県〇〇市〇〇町〇－〇

氏名＜名称・代表者＞　〇〇〇〇　（印）

※ 法人の場合は事務所の住所地、法人の名称及び代表者の氏名
を記載

※ 申請者の氏名（法人はその代表者の氏名）を自署する場合
は、押印を省略できる

　都市農地の貸借の円滑化に関する法律（平成 30 年法律第 68 号。以下「法」という。）第 4 条第 1 項の規定に基づき、下記の事業計画（都市農地の貸借の円滑化に関する法律第 4 条第 1 項の「事業計画」をいう。以下同じ。）の認定を申請します。

記

事 業 計 画

【 I　共通項目】

1　賃借権等の設定を受けようとする者の氏名及び住所(注)

氏名又は名称	住　所
〇〇〇〇	〇〇県〇〇市〇〇町〇－〇

注：法人の場合は事務所の住所地、法人の名称及び代表者の氏名を記載

2　賃借権等の設定を受ける都市農地

所在・地番	地　目		面積 (m²)	所　有　者(注1)	
	登記簿	現況		住　所	氏名又は名称(注2)
〇〇県〇〇市〇〇町〇〇番地	畑	畑	〇〇〇〇	〇〇県〇〇市〇〇町〇－〇	〇〇〇〇

設定を受ける賃借権等			賃料 (注3)	賃料の支払方法(注3)	備考(注4)
種　類	始期	存続期間			
賃借権	〇〇〇〇年〇〇月〇〇日	〇年間	年〇〇〇〇	毎年3月末日までに〇〇〇〇の農協の指定口座に振り込む。	

注1：法人の場合は事務所の住所地、法人の名称及び代表者の氏名を記載
注2：登記簿上の所有名義人と現在の所有者が異なるときは、括弧書きで登記簿上の所有者についても記載
注3：賃貸借等の契約書に当該事項が記載されている場合は「契約書のとおり」と記載すれば足りる
注4：農地法第 43 条第 1 項の規定の適用を受け賃借権等の設定を受ける農地をコンクリートその他これに類するもので覆う場合及び賃借
　　　権等の設定を受ける農地が既に同項の規定の適用を受けこれらで覆われている場合は、その旨を記載

192　　第7章　生産緑地

3　都市農地における耕作の事業の内容（法第4条第3項第1号関係）

・　則※第3条第1号の事業（同号イからハの(3)までの基準のうち該当するものについて、下欄イからハの(3)までの右欄のいずれか1箇所以上に「○」を記載し、その右欄に具体的な事業内容を記載）

イ	○	生産した農作物は○○市内で50%以上販売する。
ロ の(1)		
ロ の(2)		
ハ の(1)		
ハ の(2)	○	耕土の流出を抑えるなど、周辺住宅地等に配慮した耕作を行う。
ハ の(3)		

・　則※第3条第2号の事業(注1)

（具体的な事業内容を記載）

　これまでどおり周辺住民の生活環境と調和した農業経営を行っていく。具体的には、農薬散布及び農作業等への配慮（作業時間帯等）・周辺住民への農作物の直売等を行っていく。

　また、周辺住民の生活環境と調和した耕作を継続していくため、当該生産緑地の所有者である○○○○は、下記の作業に年間40日以上従事するものとする。

（1）周辺環境との調和を図るための農地の見回り及び周辺住民からの相談対応を行う。

（2）周辺住民等への農作物の販売等への協力を行う。

（3）その他、本生産緑地に付随する事項への助言・協力・指導などを行う。

（注2　上記のとおり相違ありません。　　　氏名　○○○○　　　　　　　　印）

※　都市農地の貸借の円滑化に関する法律施行規則（平成30年農林水産省令第54号）をいう。

注1）本申請に係る都市農地の所有者が当該都市農地に係る農林漁業の業務に従事する場合には、業務の従事の計画についても「則第3条第2号の事業」欄に記載すること。その場合、当該欄に当該所有者の押印又は自署をするか（注2）、当該従事の計画を記載した賃貸借等の契約書その他の書類を添付すること。

第7章　生産緑地　　193

4　申請者が行う耕作の事業に必要な農作業への従事状況（法第4条第3項本文関係）

年間従事（予定）日数		備　　　考(注)
現　　状	賃借権等の設定後	
250日	250日	

注：賃借権等の設定後の年間従事計画日数が150日未満の場合であるが、その行う耕作の事業に必要な行うべき農作業がある限りこれに
　　従事している場合は、その旨を記載すること

【Ⅱ　選択項目】

Ⅱの記載項目については、次の申請者ごとに示す項目について記載すること

　　ア　農業の経営を行うために賃借権等の設定を受ける農業協同組合及び地方公共団体
　　　　：5－1

　　イ　賃借権等の設定を受けた後に行う耕作の事業に必要な農作業に常時従事すると認められる個人
　　　　：5－1、5－2及び6

　　ウ　農地所有適格法人
　　　　：5－1、5－2、6及び9

　　エ　イ以外の個人
　　　　：5－1、5－2、6及び7

　　オ　ア及びウ以外の法人
　　　　：5－1、5－2、6、7及び8

5－1　申請者が現に所有権並びに使用及び収益を目的とする権利を有している農地の利用状況
　　　　（法第4条第3項第3号関係）

		農地面積（m²）		田		畑		樹園地	
所有地	自作地(注1)	○○○○				○○○○			
	貸付地(注1)	0							
		所在・地番		地目		面積（m²）		状況・理由	
				登記簿	現況				
	非耕作地(注2)					0			
所有地以外の土地		農地面積（m²）		田		畑		樹園地	
	借入地(注1)	0							
	貸付地(注1)	0							
		所在・地番		地目		面積（m²）		状況・理由	
				登記簿	現況				
	非耕作地(注2)					0			

注1：「自作地」、「貸付地」及び「借入地」には、現に耕作又は養畜の事業に供されているものの面積を記載すること。なお、「所有地以
　　外の土地」欄の「貸付地」は、農地法第3条第2項第6号の括弧書きに該当する土地をいう。

注2：「非耕作地」には、現に耕作又は養畜の事業に供されていないものについて、筆ごとに面積等を記載するとともに、その状況・理由
　　として、「賃借人○○が○年間耕作を放棄している」、「～であることから条件不利地であり、○年間休耕中であるが、草刈り・耕起
　　等の農地としての管理を行っている」等耕作又は養畜の事業に供することができない事情等を詳細に記載すること。

5－2　申請者の機械の所有の状況、農作業に従事する者の数等の状況（法第4条第3項第3号関係）

（1）作付（予定）作物、作物別の作付面積

	田	畑		樹園地		
作付(予定)作物		ネギ	小松菜			
権利取得後の面積(m²)		○○○○	○○○○			

(2) 大農機具(注1)

数量＼種類		2	1			
確保しているもの	所有	トラクター	耕うん機			
	リース					
導入予定のもの(注2)〔資金繰りについて〕	所有					
	リース					

注1：「大農機具」とは、トラクター、耕うん機、自走式の田植機、コンバイン等をいう。
注2： 導入予定のものについては、自己資金、金融機関からの借入れ(融資を受けられることが確実なものに限る。)等資金繰りについても記載すること。

(3) 農作業に従事する者
　① 権利を取得しようとする者が個人である場合には、その者の農作業経験等の状況
　　　農作業暦 31 年、農業技術修学暦 2 年、その他（　なし　　　　　　　　　　）

② 世帯員等その他常時雇用している労働力(人)	現在：　　　2人	（農作業経験の状況：妻25年　息子3年　　　）
	増員予定：1人	（農作業経験の状況：息子の妻（3か月程度）　）
③ 臨時雇用労働力(年間延人数)	現在：　　　0人	（農作業経験の状況：　　　　　　　　　　　）
	増員予定：0人	（農作業経験の状況：　　　　　　　　　　　）

　④ ①～③の者の住所地、拠点となる場所等から権利を設定又は移転しようとする土地までの平均距離又は時間　自宅から徒歩で10分程度

6　周辺地域との関係（法第4条第3項第2号関係）
　　権利を取得しようとする者の権利取得後における耕作の事業が、権利を設定しようとする農地の周辺の農地の農業上の利用に及ぼすことが見込まれる影響を以下に記載してください。
　　（例えば、農薬の使用方法の違いによる耕作の事業への支障等について記載してください。）

> 特になし。
> これまでどおり、地域の農業者との連携を図りながら耕作を継続する。

7　地域との役割分担の状況（法第4条第3項第5号関係）
　　地域の農業における他の農業者との役割分担について、具体的にどのような場面でどのような役割分担を担う計画であるかを以下に記載してください。
　　（例えば、農業の維持発展に関する話合い活動への参加、農道、水路、ため池等の共同利用施設の取決めの遵守、獣害被害対策への協力等について記載してください。）

（平30・8・31　30農振1660　様式例第1号の1）

第7章　生産緑地

195

○農地（採草放牧地）賃貸借契約書（常時従事する農業者用）

様式例第10号の1

```
┌ ─ ─ ─ ┐
│収　入│
│印　紙│
└ ─ ─ ─ ┘
```

農地（採草放牧地）賃貸借契約書

　賃貸人及び賃借人は、農地法の趣旨に則り、この契約書に定めるところにより賃貸借契約を締結する。

　この契約書は、2通作成して賃貸人及び賃借人がそれぞれ1通を所持し、その写し1通を○○農業委員会に提出する。

　　○○○○年○○月○○日

<table>
<tr><td>賃貸人（以下甲という。）</td><td>住所　○○県○○市○○町○-○</td></tr>
<tr><td></td><td>氏名　○○○○　　　　　　　印</td></tr>
<tr><td>賃借人（以下乙という。）</td><td>住所　○○県○○市○○町○-○</td></tr>
<tr><td></td><td>氏名　○○○○　　　　　　　印</td></tr>
</table>

1　賃貸借の目的物

　　甲は、この契約書に定めるところにより、乙に対して、別表1に記載する土地その他の物件を賃貸する。

2　賃貸借の期間

　(1) 賃貸借の期間は、○○○○年○○月○○日から○○○○年○○月○○日まで○○年間とする。

　(2) 甲又は乙が、賃貸借の期間の満了の1年前から6か月前までの間に、相手方に対して更新しない旨の通知をしないときは、賃貸借の期間は、従前の期間と同一の期間で更新する。

3　借賃の額及び支払期日

　　乙は、別表1に記載された土地その他の物件に対して、同表に記載された金額の借賃を同表に記載された期日までに甲の住所地において支払うものとする。

4　借賃の支払猶予

　　災害その他やむをえない事由のため、乙が支払期日までに借賃を支払うことができない場合には、甲は相当と認められる期日までその支払を猶予する。

5　転貸又は譲渡

　　乙は、本人又はその世帯員等が農地法第2条第2項に掲げる事由により借入地を耕作することができない場合に限って、一時転貸することができる。その他の事由により賃借物を転貸し、又は賃借権を譲渡する場合には、甲の承諾を得なければならない。

6　修繕及び改良

　(1) 目的物の修繕及び改良が土地改良法に基づいて行なわれる場合には、同法に定めるところによる。

　(2) 目的物の修繕は甲が行なう。ただし、緊急を要する場合その他甲において行なうことができない事由があるときは、乙が行なうことができる。

　(3) 目的物の改良は乙が行なうことができる。

　(4) 修繕費又は改良費の負担又は償還は、別表2に定めたものを除き、民法及び土地改良法に従う。

7　経常費用

　(1) 目的物に対する租税は、甲が負担する。

　(2) かんがい排水、土地改良等に必要な経常経費は、原則として乙が負担する。

（3）農業災害補償法に基づく共済金は、乙が負担する。

（4）租税以外の公課等で(2)及び(3)以外のものの負担は、別表3に定めるもののほかは、その公課等の支払義務者が負担する。

（5）その他目的物の通常の維持保存に要する経常費は、借主が負担する。

8 目的物の返還及び立毛補償

（1）賃貸借契約が終了したときは、乙は、その終了の日から〇〇日以内に、甲に対して目的物を原状に復して返還する。ただし、天災地変等の不可抗力又は通常の利用により損失が生じた場合及び修繕又は改良により変更された場合は、この限りではない。

（2）契約終了の際目的物の上に乙が甲の承諾をえて植栽した永年性作物がある場合には、甲は、乙の請求により、これを買い取る。

9 この賃貸借契約に附随する権利又は義務

10 契約の変更

契約事項を変更する場合には、その変更事項をこの契約書に明記しなければならない。

11 その他この契約書に定めのない事項については、甲乙が協議して定める。

別表1　土地その他の物件の目録等

土 地 そ の 他 の 物 件 の 表 示					借　　　　賃			備　　　　考
大　字	字	地　番	地　目 （種類）	面　積 （数量）	単位当たり 金　　額	総　　額	支払期日	
〇〇		〇〇	畑	〇〇〇〇㎡	年〇〇〇〇円	年〇〇〇〇円	毎年3月末日	

別表2　修繕費又は改良費の負担に係る特約事項

修繕又は改良の工事名	賃貸人及び賃借人の費用に関する支払区分の内容	賃借人の支払額についての賃貸人の償還すべき額及び方法	備　　　　考

別表3　公課等負担に係る特約事項

公　課　等　の　種　類	負　担　区　分　の　内　容	備　　　　考

（平21・12・11　21経営4608・21農振1599　別紙1　様式例第10号の1）

○認定都市農地貸付けを行った旨の証明書

様式44号（第2の2の(38)関係）

認定都市農地貸付けを行った旨の証明書

証　明　願

〇〇〇〇年 〇〇 月 〇〇 日

　〇〇市町村長　殿

申請者　　住所 〇〇県〇〇市〇〇町〇-〇
　　　　　氏名 〇〇〇〇　　　印

　私は、租税特別措置法第70条の6の4第1項の規定の適用を受けるため、都市農地の貸借の円滑化に関する法律第4条第1項に規定する事業計画につき同項の認定を受けた下記の農地について、認定都市農地貸付けを行ったことを証明願います。

記

所 在 地 番	地　目	面　積	認定年月日	貸付けを行った年月日
〇〇市〇〇町〇〇番地	畑	〇〇〇〇㎡	〇〇〇〇年〇〇月〇〇日	〇〇〇〇年〇〇月〇〇日

第 〇〇 号

　上記のとおり相違ないことを証明する。

〇〇〇〇 年〇〇月 〇〇日
〇〇市町村長　〇〇〇〇　印

（昭51・7・7　51構改B1254　様式44号）

198　第7章　生産緑地

○相続税の納税猶予の認定都市農地貸付け等に関する届出書

相続税の納税猶予の認定都市農地貸付け等に関する届出書

税務署
受付印

平成○○年○○月○○日

※欄は記入しないでください。

○○　税務署長

　　　　　　　　　　　　　　　〒　○○○－○○○○
届出者　住　所（居　所）　○○県○○市○○町○－○

氏　名　　○○○○　　　　　印

（電話番号　○○○－○○○－○○○○）

租税特別措置法第70条の6の4第2項　（第2号）　に規定する　（認定都市農地貸付け）　を行った下記の
　　　　　　　　　　　　　　　　第3号　　　　　　　　農園用地貸付け

特例農地等については同条第1項の規定の適用を受けたいので、同項の規定により届け出ます。

1　被相続人等に関する事項

被相続人	住所（居所）	○○県○○市○○町○－○	氏　名	○○○○

届出者が被相続人から特例農地等を相続（遺贈）により取得した年月日	昭　和 平　成	○○年　○○月　○○日

2　認定都市農地貸付け等に関する事項

（注）下記の(3)の貸付けを行った場合、①欄及び③欄の記載は不要であり、②欄には「租税特別措置法第70条の
6の4第2項第3号ロの貸付規程に基づく最初の貸付けの年月日」を記載して下さい。

①借り受けた者	住所（居所）又は本店（主たる事務所）の所在地	○○県○○市○○町○－○	氏名又は名称	○○○○

②認定都市農地貸付け等を行った年月日	平成○○年○○月○○日	③賃借権等の存続期間	自：平成○○年○○月○○日 至：平成○○年○○月○○日

上記の貸付けは、次の貸付けにより行いました。（該当する番号を○で囲んでください。）

【認定都市農地貸付け】
　①　都市農地の貸借の円滑化に関する法律に規定する認定事業計画に基づく貸付け

【農園用地貸付け】
　(2)　特定農地貸付けに関する農地法等の特例に関する法律（以下「特定農地貸付法」といいます。）の規定に
　　より地方公共団体又は農業協同組合が行う特定農地貸付けの用に供されるための貸付け
　(3)　特定農地貸付法の規定により農業相続人が行う特定農地貸付け（その者が所有する農地で行うものであっ
　　て、一定の貸付協定を市町村と締結しているものに限ります。）
　(4)　都市農地の貸借の円滑化に関する法律の規定により地方公共団体及び農業協同組合以外の者が行う特定都
　　市農地貸付けの用に供されるための貸付け
　□　上記の(2)～(4)の貸付けが市民農園整備促進法の規定による認定に係るものである場合（該当する場合に
　　は、チェックを入れてください。）

上記の認定都市農地貸付け等を行った特例農地等の明細は、付表1のとおりです。（※）

3　平成30年8月31日以前の相続（遺贈）について納税猶予の適用を受けている農業相続人（相続（遺贈）により取得した日において特例農地等のうちに都市営農農地等を有しない農業相続人に限ります。）が有する特例農地等に関する事項

農業相続人が有する特例農地等の取得をした日における当該特例農地等の区分は、付表2の1、同2の
2及び同2の3のとおりです。

関与税理士	○○○○　　　　　印	電話番号	○○○－○○○－○○○○

※	通信日付印の年月日	確認印	整理簿番号
	年　月　日		

（資12-130-1-A4統一）（平30.9）

※付表1はCase23と同じ
付表2の1～2の3　〔略〕

（国税庁ウェブサイト）

第7章　生産緑地　　　199

○認定都市農地の利用状況の報告書（常時従事する農業者への貸付用）

様式例第2号

認定都市農地の利用状況の報告書

○○○○年○○月○○日

市町村長　殿

住所　○○県○○市○○町○－○

氏名＜名称・代表者＞　○○○○　　(印)

※ 法人の場合は事務所の住所地、法人の名称及び代表者の氏名
を記載

※ 申請者の氏名（法人はその代表者の氏名）を自署する場合
は、押印を省略できる

　平成○○年○○月○○日付けで都市農地の貸借の円滑化に関する法律（平成30年法律第68号。以下「法」という。）第4条第1項の認定を受けた都市農地（以下「認定都市農地」という。）について、法第5条の規定に基づき下記のとおり報告します。

記

【Ⅰ　共通項目】

1　法第5条の認定事業者（以下「認定事業者」という。）の氏名等(注)

氏名又は名称	住　所
○○○○	○○県○○市○○町○－○

注：法人の場合は事務所の住所地、法人の名称及び代表者の氏名を記載

2　報告に係る農地の所在等

所在・地番	面積(m²)	所有者(注1)		備　考(注2)
		住所	氏名	
○○市○○町○○番地	○○○○	○○市○○町○－○	○○○○	

注1：法人の場合は事務所の住所地、法人の名称及び代表者の氏名を記載
注2：登記簿上の所有名義人と現在の所有者が異なるときに登記簿上の所有者を記載

3 認定事業者の行う耕作の事業の実施状況

・ 則※第3条第1号の事業（事業計画に記載した同号イからハの(3)までの基準のうち該当するものについて、下欄イからハの(3)までの右欄のいずれか1箇所以上に「〇」を記載し、その右欄に事業名用の実施状況を記載））

イ	〇	当該生産緑地で生産した農作物を〇〇市内で80％以上販売した。
ロ の(1)		
ロ の(2)		
ハ の(1)		
ハ の(2)	〇	耕土の流出を抑えるなど、周辺住宅地等に配慮した耕作を行った。
ハ の(3)		

・ 則※第3条第2号の事業(注)

（事業計画に記載した耕作の事業の事業内容の実施状況を具体的に記載）

当該生産緑地の所有者である〇〇〇〇は、下記の作業に年間51日従事した。

(1) 周辺環境との調和を図るための農地の見回り及び境界農道の整備　　年間38日

(2) 周辺住民等への農作物の販売等への協力　　　　　　　　　　　　　年間10日

(3) その他、本生産緑地に付随する事項への助言・協力・指導など　　　年間 3日

※ 都市農地の貸借の円滑化に関する法律施行規則（平成30年農林水産省令第54号）をいう。

注) 本申請に係る都市農地の所有者が当該都市農地に係る農林漁業の業務に従事する場合には、業務の従事の状況についても「則第3条第2号の事業」欄に記載すること

【Ⅱ 選択項目】

Ⅱの記載項目については、次の認定事業者ごとに示す項目について記載すること

　ア　農業の経営を行うために賃借権等の設定を受ける農業協同組合及び地方公共団体
　　　：なし
　イ　賃借権等の設定を受けた後に行う耕作の事業に必要な農作業に常時従事すると認められる個人及び農地所有適格法人
　　　：4及び5
　ウ　イ以外の個人
　　　：4、5及び6
　エ　ア及びイ以外の法人
　　　：全て

4　認定事業者が現に所有権並びに使用及び収益を目的とする権利を有している農地の利用状況

<table>
<tr><td rowspan="4">所有地</td><td></td><td>農地面積（m²）</td><td colspan="2">田</td><td>畑</td><td>樹園地</td></tr>
<tr><td>自作地(注1)</td><td>○○○○</td><td colspan="2"></td><td>○○○○</td><td></td></tr>
<tr><td>貸付地(注1)</td><td>0</td><td colspan="2"></td><td></td><td></td></tr>
<tr><td></td><td rowspan="2">所在・地番</td><td>地目</td><td></td><td rowspan="2">面積（m²）</td><td rowspan="2">状況・理由</td></tr>
<tr><td></td><td>登記簿</td><td>現況</td></tr>
<tr><td>非耕作地(注2)</td><td></td><td colspan="2"></td><td>0</td><td></td></tr>
<tr><td rowspan="5">所有地以外の土地</td><td></td><td>農地面積（m²）</td><td colspan="2">田</td><td>畑</td><td>樹園地</td></tr>
<tr><td>借入地(注1)</td><td>○○○○</td><td colspan="2"></td><td>○○○○</td><td></td></tr>
<tr><td>貸付地(注1)</td><td>0</td><td colspan="2"></td><td></td><td></td></tr>
<tr><td></td><td rowspan="2">所在・地番</td><td>地目</td><td></td><td rowspan="2">面積（m²）</td><td rowspan="2">状況・理由</td></tr>
<tr><td>登記簿</td><td>現況</td></tr>
<tr><td>非耕作地(注2)</td><td></td><td colspan="2"></td><td>0</td><td></td></tr>
</table>

注1：「自作地」、「貸付地」及び「借入地」には、現に耕作又は養畜の事業に供されているものの面積を記載してください。なお、「所有地以外の土地」欄の「貸付地」は、農地法第3条第2項第6号の括弧書きに該当する土地です。

注2：「非耕作地」には、現に耕作又は養畜の事業に供されていないものについて、筆ごとに面積等を記載するとともに、その状況・理由として、「賃借人○○が○年間耕作を放棄している」、「～であることから条件不利地であり、○年間休耕中であるが、草刈り・耕起等の農地としての管理を行っている」等耕作又は養畜の事業に供することができない事情等を詳細に記載してください。

5　周辺地域との関係

　認定事業者が行う耕作の事業が、認定都市農地の周辺の農地の農業上の利用に及ぼしている影響を以下に記載してください。

　（例えば、農薬の使用方法の違いによる耕作の事業への支障等について記載してください。）

> 特になし。
> これまでどおり、地域の農業者との連携を図りながら耕作を行った。

6　地域との役割分担の状況

　地域の農業における他の農業者との役割分担の状況について以下に記載してください。

　（例えば、農業の維持発展に関する話合い活動への参加、農道、水路、ため池等の共同利用施設の取決めの遵守、獣害被害対策への協力等について記載してください。）

202　　第7章　生産緑地

7　その法人の業務を執行する役員又は重要な使用人のうち、その法人の行う耕作の事業に常時従事する者の氏名及び役職名並びにその法人の行う耕作の事業への従事状況(注)

(1) 氏名

(2) 役職名

(3) その者の耕作の事業への年間従事日数

注：当該事業年度において法人の行う耕作又は養畜の事業に常時従事した業務執行役員（耕作又は養畜の事業に常時従事した業務執行役員がいない場合には、重要な使用人）の氏名、役職名及び耕作の事業への年間従事日数を記載してください。

なお、「重要な使用人」とは、その法人の使用人であって、当該法人の行う耕作の事業に関する権限及び責任を有する者をいいます。

【添付資料】

報告書を提出する者が法人（地方公共団体を除く。）である場合には、その定款又は寄附行為の写し

（平30・8・31　30農振1660　様式例第2号）

第 8 章

贈与税

204

第8章　贈与税　　205

Case32　後継者に所有する全ての畑を贈与し、農地等贈与税納税猶予特例の適用を受けたい

　息子が農業を継いでくれることになったので所有農地の全部を後継者へ贈与したいと思っています。農地の贈与を受けた後継者の贈与税負担を回避するため、農地等贈与税納税猶予特例の適用を受けたいので必要な手続を教えてください。

◆チェック

□	贈与について農地法3条許可を得ているか
□	贈与者要件を充足するか
□	受贈者要件を充足するか
□	特例農地等要件を充足するか
□	農地等納税猶予額及び利子税額に見合う担保を提供できるか
□	贈与税申告書の提出期間を徒過していないか

解　説

1　贈与について農地法3条許可を得ているか

POINT

　農地を贈与する場合、農地法3条に基づく農業委員会の許可を受ける必要があります。

　農地法3条の許可についての詳細は、Case2をご参照ください。

2　贈与者要件を充足するか

POINT

　贈与者が贈与日まで3年以上引き続き営農をしていた個人であることが必要です。また、農地等贈与税納税猶予特例を受けることが可能な者は、贈与者の推定相続人のうち一人だけに限られます。

農地等贈与税納税猶予特例を受けるためには、贈与者は、以下の場合を除き、贈与の日までに3年以上引き続いて農業を営んでいた個人である必要があります。

①　贈与をした日の属する年（以下「対象年」といいます。）の前年以前において、推定相続人に対し相続時精算課税を適用する農地等の贈与をしている場合

②　対象年において、今回の贈与以外に農地等の贈与をしている場合

③　過去に農地等贈与税納税猶予特例に係る一括贈与をしている場合

　対象年の前年以前において、推定相続人に対し相続時精算課税を適用する農地等の贈与をしている場合には農地等贈与税納税猶予特例を受けることができません。そのため、贈与者の推定相続人の一人が過去に農地等を受贈し相続時精算課税制度を選択して贈与税申告をしている場合、贈与者の全ての推定相続人が農地等贈与税納税猶予特例を受けることができなくなるため注意が必要です。

　また、対象年に農地等贈与税納税猶予特例を受ける贈与以外の農地等の贈与をしている場合や過去に農地等贈与税納税猶予特例を受けている場合に贈与者要件を充足しないことから、農地等贈与税納税猶予特例を受けることができる推定相続人は、贈与者の推定相続人のうち一人だけに限られます。

3　受贈者要件を充足するか

POINT

　農地等贈与税納税猶予特例を受けることができる受贈者は、18歳以上で贈与を受けるまで3年以上農業従事経験がある認定農業者等であって、農業委員会が証明した推定相続人であることが必要です。

　農地等贈与税納税猶予特例を受けるためには、受贈者は、農地等贈与税納税猶予に関する適格者証明を農業委員会から受け、適格者証明書を添付して贈与税申告書を提出期間内に所轄税務署へ提出する必要があります。

　農業委員会は、受贈者について以下の要件を検討し適格者証明書を発行します。そのため、受贈者は以下の要件を充足しておく必要があります。

①　贈与日に年齢が18歳以上であること

②　贈与日までに引き続き3年以上農業に従事していたこと

③　贈与を受けた後、速やかにその農地及び採草放牧地によって農業経営を行うこと

④　農業委員会の証明の時において認定農業者等であること

第8章　贈与税　　207

4　特例農地等要件を充足するか

POINT

　贈与者の農業の用に供している農地等のうち、農地の全部、採草放牧地の3分の2以上の面積のもの及び準農地の3分の2以上の面積のもの（以下「農地の全部等」といいます。）について一括して贈与を受けていることが必要です。

　農地等贈与税納税猶予制度は、農業経営の後継者への承継を支援するための制度です。そのため、農業の用に供している農地の全部等を一括して後継者へ贈与することを要件としています。

　農地の全部等を一括して贈与することを要件とすることで、農地の細分化を防止することが可能です。

　また、農地の全部等を一括して贈与した場合でも、当該農地の一括贈与に係る贈与税の納税を猶予することで、納税資金の捻出のために農地を換価するといった事態を防ぐことができ、農地の細分化や減少を防止することができます。

5　農地等納税猶予額及び利子税額に見合う担保を提供できるか

POINT

　農地等贈与税納税猶予特例を受けるためには、猶予贈与税額及び利子税額に応じた担保提供をする必要があります。

　農地等贈与税納税猶予特例は、贈与税の納税を免除するものではなく、受贈者が農業経営を継続している限りにおいて贈与税の納税を猶予する制度です。

　受贈者が、贈与を受けた農地等に係る農業経営を廃止した場合や、贈与を受けた農地等を譲渡した場合等のように、受贈者が農業経営を継続しない場合には、それまで猶予していた贈与税額について納税猶予を打ち切られ、猶予されていた贈与税額の全部又は一部を納税しなければなりません。納税猶予が打ち切られ猶予されていた贈与税額を納付する場合には、猶予贈与税額に加えて、贈与税申告期限の翌日から納税猶予期限までの期間に応じた利子税も負担しなければなりません。

　そこで、本来納付すべき贈与税額に係る納税を猶予する代わりに、猶予贈与税額の納税が確定した際の納付を担保するため、猶予贈与税額や利子税額に応じた担保を提供することが求められています。

　なお、ほとんど全てのケースで担保には贈与を受けた農地等を充てることから贈与を受けた農地等以外の財産から担保提供が必要になるような事態はほとんど生じません。

6 贈与税申告書の提出期間を徒過していないか

> **POINT**
>
> 農地等贈与税納税猶予特例の適用を受けるためには、贈与税申告書の提出期間である贈与を受けた年の翌年2月1日から3月15日までの期間内に、贈与税申告書に贈与税納税猶予に関する適格者証明書等の書類を添付して納税地の所轄税務署長に対して提出するとともに、猶予贈与税額及び利子税額に応じた担保提供をする必要があります。

　農地等贈与税納税猶予特例の適用を受けるためには、贈与税申告期限内に贈与税申告書に贈与税納税猶予に関する適格者証明書等の書類を添付して提出するとともに、猶予贈与税額及び利子税額に応じた担保提供をする必要があります。

　また、農地等贈与税納税猶予特例の適用を受けた場合、納税猶予の期限確定又は免除まで、贈与税申告期限から3年ごとに継続届出書を提出することが必要です。

第8章　贈与税

【参考書式】
○農地等の贈与税の納税猶予税額の計算書

農地等の贈与税の納税猶予税額の計算書

贈与者の氏名　＿＿＿＿＿＿＿＿＿＿＿＿　　受贈者の氏名　＿＿＿＿＿＿＿＿＿＿＿＿

生　年　月　日（明・大・昭・平　　年　　月　　日）

提出用

私（受贈者）は、租税特別措置法第70条の4第1項の規定による農地等についての贈与税の納税猶予の適用を受けます。

（平成27年分以降用）

○農地等の明細についてこの計算書に書ききれない場合には、この計算書を追加して記入してください。

Ⅰ　納税猶予の適用を受ける農地等の明細

田・畑採草放牧地準農地の別	地上権、永小作権、使用貸借による権利、賃借権（耕作権）の場合のその別	所　在　場　所	面　積／固定資産税評価額	単　価／倍　数	価　額
			㎡／円	円／倍	円
合　計			㎡		Ⓐ

Ⅱ　納税猶予税額の計算（農地等以外の財産に対する贈与税額の計算）

A　農地等以外の財産として、一般贈与財産又は特例贈与財産のどちらか一方のみを贈与により取得している場合

農地等以外の財産の課税価格（申告書第一表の④の金額－上欄のⒶの金額）	①	円	差引税額の合計額（申告書第一表の⑭の金額）	⑤	円 00
基礎控除額	②	1,100,000	相続時精算課税分の差引税額の合計額（申告書第一表の⑫の金額）	⑥	
農地等以外の財産の基礎控除後の課税価格（①－②）（1,000円未満の端数は切り捨てます。また、この金額が1,000円未満のときは、その金額を切り捨てます。）	③	,000	農地等以外の財産に対する贈与税額（④＋⑥）（100円未満の端数は切り捨てます。また、この金額が100円未満のときは、その金額を切り捨てます。）	⑦	00
③に対する税額（申告書第一表（控用）の裏面の速算表を使用して、一般税率又は特例税率により計算します。）	④	00	納税猶予税額（⑤－⑦）	⑧	00

B　農地等以外の財産として、一般贈与財産及び特例贈与財産の両方を贈与により取得している場合

農地等以外の財産（特例贈与財産）の価額の合計額（納税猶予の適用を受ける農地等が特例贈与財産である場合には、「申告書第一表の①の金額」から「上欄のⒶの金額」を差し引いた金額となります。）	⑨	円	農地等以外の財産（特例贈与財産）に対応する税額（⑮×⑨／⑫）	⑯	円
農地等以外の財産（一般贈与財産）の価額の合計額（納税猶予の適用を受ける農地等が一般贈与財産である場合には、「申告書第一表の②の金額」から「上欄のⒶの金額」を差し引いた金額となります。）	⑩		⑭の金額に「一般税率」を適用した税額（申告書第一表（控用）の裏面の速算表を使用して、一般税率により計算します。）	⑰	
配偶者控除額（申告書第一表の③の金額）	⑪		農地等以外の財産（一般贈与財産）に対応する税額（⑰×（⑩－⑪）／⑫）	⑱	
農地等以外の財産の課税価格の合計額（⑨＋⑩－⑪）	⑫		差引税額の合計額（申告書第一表の⑭の金額）	⑲	00
基礎控除額	⑬	1,100,000	相続時精算課税分の差引税額の合計額（申告書第一表の⑫の金額）	⑳	
農地等以外の財産の基礎控除後の課税価格（⑫－⑬）（1,000円未満の端数は切り捨てます。また、この金額が1,000円未満のときは、その金額を切り捨てます。）	⑭	,000	農地等以外の財産に対する贈与税額（⑯＋⑱＋⑳）（100円未満の端数は切り捨てます。また、この金額が100円未満のときは、その金額を切り捨てます。）	㉑	00
⑭の金額に「特例税率」を適用した税額（申告書第一表（控用）の裏面の速算表を使用して、特例税率により計算します。）	⑮		納税猶予税額（⑲－㉑）	㉒	00

（資5－11－1－A4統一）（平30.10）

（国税庁ウェブサイト）

○農地等の贈与に関する確認書

（平成30年分以降用）

平成＿＿年分　農地等の贈与に関する確認書

1　農地等の受贈者

住所		氏名	

2　前年以前の農地等の贈与の状況

次のいずれか該当する項目の□の中に✓印を記入してください。

□　私は、農地等を贈与した年の前年以前において、その農業の用に供していた租税特別措置法第70条の4第1項に規定する農地を私の推定相続人に贈与したことはありません。

□　私は、農地等を贈与した年の前年以前において、その農業の用に供していた租税特別措置法第70条の4第1項に規定する農地を私の推定相続人に贈与したことはありますが、当該農地は相続税法第21条の9第3項の規定（相続時精算課税）の適用を受けるものではありません。

3　本年における農地等の贈与の状況

次に該当する場合は□の中に✓印を記入してください。

□　私は、農地等を贈与した年において、今回の贈与以外の贈与により租税特別措置法第70条の4第1項に規定する農地及び採草放牧地並びに準農地の贈与をしていません。

4　採草放牧地に関する事項（今回の贈与以前に採草放牧地を所有していた場合のみ記入してください。）

贈与者が今回の贈与の日までその農業の用に供していた租税特別措置法第70条の4第1項に規定する採草放牧地の面積	①	㎡
贈与者が今回の贈与をした年の前年以前において贈与をした採草放牧地のうち相続時精算課税の適用を受けるものの面積	②	㎡
①の面積と②の面積の合計（①＋②）	③	㎡
③の面積の $\frac{2}{3}$ （③×$\frac{2}{3}$）	④	㎡
贈与者が今回贈与をした租税特別措置法第70条の4第1項に規定する採草放牧地の面積（「農地等の贈与税の納税猶予税額の計算書」に記載した採草放牧地の面積の合計を記入します。）	⑤	㎡

上記のとおり、⑤の面積は、④の面積以上となります。

5　準農地に関する事項（今回の贈与以前に準農地を所有していた場合のみ記入してください。）

贈与者が今回の贈与の日まで有していた租税特別措置法第70条の4第1項に規定する準農地の面積	①	㎡
贈与者が今回の贈与をした年の前年以前において贈与をした準農地のうち相続時精算課税の適用を受けるものの面積	②	㎡
①の面積と②の面積の合計（①＋②）	③	㎡
③の面積の $\frac{2}{3}$ （③×$\frac{2}{3}$）	④	㎡
贈与者が今回贈与をした租税特別措置法第70条の4第1項に規定する準農地の面積（「農地等の贈与税の納税猶予税額の計算書」に記載した準農地の面積の合計を記入します。）	⑤	㎡

上記のとおり、⑤の面積は、④の面積以上となります。

上記の事実に相違ありません。

平成＿＿年＿＿月＿＿日

農地等の贈与者

住所＿＿＿＿＿＿＿＿＿＿＿＿＿＿　氏名＿＿＿＿＿＿＿＿＿＿＿＿＿㊞

（資5－45－A4統一）（平30.10）

（国税庁ウェブサイト）

第8章　贈与税　　211

Case33　後継者に所有する全ての畑を贈与し、申告により相続時精算課税制度の適用を受けたい

　息子が農業を継ぐことになったので所有する畑を全て生前贈与しようと考えています。贈与税の申告で相続時精算課税を選択したいのですが、どうすればよいのでしょうか。

◆チェック

□　贈与について農地法3条許可を得ているか
□　贈与者は贈与をした年の1月1日時点で60歳以上か
□　受贈者は贈与者の推定相続人か
□　暦年課税による申告を選択した場合よりも税務上有利か
□　贈与税申告書の提出期間を徒過していないか

解　説

1　贈与について農地法3条許可を得ているか

POINT

　農地を贈与する場合、農地法3条に基づく農業委員会の許可を受ける必要があります。

農地法3条の許可についての詳細は、Case 2 をご参照ください。

2　贈与者は贈与をした年の1月1日時点で60歳以上か

POINT

　贈与税の申告方式には暦年課税と相続時精算課税の2つの方式があります。
　このうち相続時精算課税による贈与税申告を選択するためには、贈与者が、贈与をした年の1月1日時点で60歳以上であることが必要です。

　贈与税の申告では、暦年課税と相続時精算課税のいずれかの方式により行います。
　暦年課税は、1年間に贈与を受けた財産の価額の合計額から基礎控除額である110万円を控除し、基礎控除額を超える部分に対し贈与税適用税率を乗じて贈与税を計算す

る申告方式です。

相続時精算課税は、特定の贈与者から1年間に贈与を受けた財産の価額の合計額から特別控除額（限度額：2,500万円。ただし前年以前に特別控除額を控除している場合は、残額が限度額となります。）を控除し、特別控除額を超える部分に対し一律20％の税率を乗じて贈与税額を計算し、将来その贈与者が亡くなった時にその相続時精算課税の適用を受けた財産の価額と相続又は遺贈を受けた財産の価額の合計額を基に計算した相続税額から、既に支払ったその贈与税相当額を控除した金額をもって納付すべき相続税額とする方式です。

贈与者は、贈与をした年の1月1日時点で60歳以上の直系尊属（父母又は祖父母）であることが必要です（相税21の9）。

3　受贈者は贈与者の推定相続人か

POINT

　相続時精算課税制度の適用を受けるためには、受贈者が贈与を受けた年の1月1日時点で贈与者の子又は孫である必要があります。

受贈者が贈与をした者の推定相続人（贈与者の直系卑属である者のうち贈与を受けた年の1月1日時点で20歳以上の者に限ります。）であり、かつ、贈与者が贈与した年の1月1日時点で60歳以上の者である場合には、相続時精算課税による贈与税申告を選択することができます（相税21の9①）。

贈与者の直系卑属とは、贈与者の子や孫のことを指します。したがって、養子縁組をしていない養父母からの贈与では相続時精算課税制度の適用は認められません。

相続時精算課税制度の適用を受けるためには、受贈者が20歳以上の子又は孫である必要があります。

なお、平成31年の法改正で受贈者の年齢が20歳から18歳に引き下げられており、令和4年4月1日から施行されます。

4　暦年課税による申告を選択した場合よりも税務上有利か

POINT

　相続時精算課税制度の適用を選択する場合、「相続時精算課税選択届出書」を贈与税申告書に添付して提出する必要があります。

　相続時精算課税制度適用者は、「相続時精算課税選択届出書」を撤回することができず、贈与者が死亡するまで相続時精算課税による贈与税申告を継続する必要があります。

一度相続時精算課税制度の適用を選択すると、当該贈与者との間における贈与では、贈与者が亡くなる時まで暦年課税による贈与税申告に変更することはできません。

相続時精算課税制度の適用を選択した翌年に現金100万円の贈与を受けた場合には、暦年課税であれば基礎控除額110万円以下のため贈与税負担は発生しませんが、前年に相続時精算課税制度の適用を選択しているため相続時精算課税による贈与税申告が必要になります。

相続時精算課税制度では、暦年課税における基礎控除額110万円よりも多額な特別控除額が利用できますが、相続時に贈与財産の価額を相続財産の価額に加算して精算することになり課税の繰延をしているにすぎません。基礎控除額110万円の活用と相続時精算課税制度の適用のどちらが税務上有利になるかシミュレーションを行い、税務上有利な申告方式はいずれかを見極めることが重要です。

また、農地等の贈与を受け、贈与税申告で相続時精算課税制度を選択した場合には、これ以降の年においても農地等贈与税納税猶予特例を受けることができなくなることに留意する必要があります。

5　贈与税申告書の提出期間を徒過していないか

> **POINT**
>
> 受贈者が当該贈与について、提出期限までに相続時精算課税選択届出書を提出しなかった場合には、相続時精算課税の適用を受けることはできません（相基通21の9-3）。

贈与税申告書は、受贈者が、贈与を受けた年の翌年の2月1日から3月15日までに受贈者の住所を所轄する税務署へ提出します。

相続時精算課税を選択しようとする受贈者は、贈与税申告書の提出期間である贈与を受けた年の翌年2月1日から3月15日までの間に納税地の所轄税務署長に対して相続時精算課税選択届出書を受贈者の戸籍全部事項証明書（戸籍謄本）などの一定の書類とともに贈与税の申告書に添付して提出します。

贈与税申告書の提出期限までに相続時精算課税選択届出書を提出しなかった場合の宥恕規定は設けられていないため、提出期限までに相続時精算課税選択届出書を提出しなかった場合には、相続時精算課税の適用を受けることはできません（相基通21の9-3）。

相続時精算課税制度を選択しようという場合には、提出期限を必ず守る必要があることに留意します。

第8章　贈与税

Case34　贈与税納税猶予制度適用農地を特定貸付けしたい

　父親から農地の生前一括贈与を受け、贈与税納税猶予制度適用を受けて耕作しています。

　その農地の一部について、隣接する農地を耕作している認定農業者から貸してほしいとの申出がありました。農地は全て農業振興地域にあります。

　贈与税納税猶予制度適用農地を貸しても、期限の確定（制度の打切り）とならない特定貸付けという制度があると聞いたのですが、どのような制度でどのような手続が必要でしょうか。

◆チェック

□　贈与税納税猶予制度の適用を受けている市街化区域以外の農地の特定貸付けは、農地中間管理事業法若しくは農業経営基盤強化促進法による貸借を行う

□　特定貸付けをしたときは、市町村長等より証明を受けて、所轄の税務署に届け出る

解　説

1　贈与税納税猶予制度の適用を受けている市街化区域以外の農地の特定貸付けは、農地中間管理事業法若しくは農業経営基盤強化促進法による貸借を行う

> **POINT**
>
> 　贈与税納税猶予制度の適用が継続する特定貸付けは、農地中間管理事業法若しくは農業経営基盤強化促進法の利用権設定による貸借を行いますが、農業経営基盤強化促進法の貸借による特定貸付けにおいては、制度適用者（所有者）が満たすべき一定の要件があります。

　贈与税納税猶予制度が継続する特定貸付けについて、農業経営基盤強化促進法による貸借を行うときには、制度適用者（所有者）が満たすべき次の要件があります（租特70の4の2②二）。

①　制度の適用を受けている者が65歳未満のとき

　贈与税納税猶予制度の適用を受けてから当該農地で自ら20年以上耕作していること

第8章　贈与税　　215

② 制度の適用を受けている者が65歳以上のとき

　贈与税納税猶予制度の適用を受けてから当該農地で自ら10年以上耕作していること

なお、農地中間管理事業法においてはこのような要件はありません（租特70の4の2②一）。ただし、事業対象地域は農業振興地域（※）に限られます。

※令和元年5月24日法律12号の改正により、改正法施行後（公布日から1年3か月を超えない範囲内で政令で定める日から施行）は農地中間管理事業の実施地域を市街化区域以外まで拡大（改正農地中間2③）

　両制度とも、まずは所有農地を貸借したい旨を市町村や農業委員会に申し出ます。

2　特定貸付けをしたときは、市町村長等より証明を受けて、所轄の税務署に届け出る

POINT

　特定貸付けをしたときは、市町村長等より貸借したことの証明を受けて、所轄の税務署に届け出ます。

　特定貸付けをしたときには、市町村長等により貸借したことの証明を受けて税務署にその旨を届け出ますが、その貸付けの種別によって証明を交付する機関が異なります（昭51・7・7　51構改B1254）。

貸付けの種別	証明交付機関
農業経営基盤強化促進法	市町村長若しくは農地利用集積円滑化団体
農地中間管理事業法	市町村長若しくは農地中間管理機構

216　　　第8章　贈与税

【参考書式】
○証明願（農業経営基盤強化促進法の農地利用集積による貸借の場合）

様式31号（第2の2の(7)、(13)、(27)及び(31)関係）

農用地利用集積計画を公告した旨の証明書（貸付）

証　明　願

〇〇〇〇年〇〇月〇〇日

　　〇〇市町村長　殿

申請者　　住所　〇〇県〇〇市〇〇町〇－〇
氏名　〇〇〇〇　　　　　印

租税特別措置法 ⎰ 第70条の4第22項（第23項第2号又は第4号）
　　　　　　　⎱ 第70条の4の2第1項（第3項又は第5項）
　　　　　　　　 第70条の6第28項
　　　　　　　　 第70条の6の2第1項（第3項） ⎰ の規定の適用を

受けるため、下記の農地等の ~~営農困難時貸付け~~ 特定貸付け について、農業経営基盤強化促進法第

19条の規定により農用地利用集積計画の公告をした旨を証明願います。

記

所在地番	地　目	面　積	農用地利用集積計画の公告の年月日	備　考
〇〇県〇〇市〇〇町〇〇番	畑	3,690 m²	〇〇〇〇年〇〇月〇〇日	

※　農用地利用集積計画が租税特別措置法第70条の4の2第1項第1号の事業に係るものである場合には、備考欄に「農地中間管理事業による賃貸借等の設定」と記載すること。

第　〇〇　号

　上記のとおり相違ないことを証明する。

〇〇〇〇年〇〇月〇〇日
〇〇市町村長　　〇〇〇〇　　印

（昭51・7・7　51構改B1254　様式31号）

第8章　贈与税

○贈与税の納税猶予の特定貸付けに関する届出書

贈与税の納税猶予の特定貸付けに関する届出書

（税務署受付印）

平成〇〇年〇〇月〇〇日

※欄は記入しないでください。

　　　　　〇〇　　　　税務署長

〒　　〇〇〇-〇〇〇〇

届出者住所　〇〇県〇〇市〇〇町〇-〇

氏　名　〇〇〇〇　　　　　㊞

生年月日（昭和）平成　〇〇年〇〇月〇〇日

（電話番号　〇〇〇　-　〇〇〇　-〇〇〇〇）

　租税特別措置法第70条の4の2第1項に規定する特定貸付けを行った下記の農地等については同項の規定の適用を受けたいので、同項の規定により届け出ます。

1　贈与者等に関する事項

贈与者	住　所	〇〇県〇〇市〇〇町〇-〇	氏　名	〇〇〇〇
届出者が贈与者から農地等を贈与により取得した年月日			昭和（平成）〇〇年〇〇月〇〇日	

2　特定貸付けに関する事項

借り受けた者	住所（居所）又は本店（主たる事務所）の所在地	〇〇県〇〇市〇〇町〇-〇	氏名又は名称	〇〇〇〇
特定貸付けを行った年月日	平成〇〇年〇〇月〇〇日	地上権、永小作権、使用貸借による権利又は賃借権の存続期間	自：平成〇〇年〇〇月〇〇日 至：平成〇〇年〇〇月〇〇日	

　上記の者へ特定貸付けを行った農地等の明細は、付表1のとおりです。

　上記の特定貸付けは、次の貸付けにより行いました。（該当する番号を〇で囲んでください。）

⑴　農地中間管理事業による使用貸借による権利又は賃借権の設定に基づく貸付け

⑵　農地利用集積円滑化事業による地上権、永小作権、使用貸借による権利又は賃借権の設定に基づく貸付け

③　農用地利用集積計画の定めるところによる使用貸借による権利又は賃借権の設定に基づく貸付け

関与税理士	〇〇〇〇　　㊞	電話番号	〇〇〇-〇〇〇-〇〇〇〇

※	通信日付印の年月日	確認印	整理簿番号
	年　月　日		

（資12-120-5-A4統一）（平28.6）

第8章 贈与税

特定貸付けに関する届出書　付表1	届出者氏名	○○○○

特定貸付けを行った**特例農地等**の明細は、次のとおりです。

番号	所　在　場　所	地　目	面　積
1	○○県○○市○○町○○番	畑	○○○○ ㎡

（資12-120-2-A4統一）

（国税庁ウェブサイト）

第 9 章

相続税

220

第 9 章　相続税　　221

Case35　相続を受ける農地について、相続税納税猶予特例の適用を受け、相続税の申告をしたい

父が亡くなり農地の全部を相続しました。農地等相続税納税猶予特例の適用を受けたいので必要な手続を教えてください。

◆チェック

□　被相続人要件を充足するか
□　農業相続人要件を充足するか
□　特例農地等要件を充足するか
□　猶予相続税額及び利子税額に見合う担保を提供できるか
□　相続税申告書の提出期間を徒過していないか

解　説

1　被相続人要件を充足するか

POINT

相続税納税猶予特例の適用を受けることができるのは、被相続人が死亡の日まで自ら農業を営んでいた場合か、農地等の生前一括贈与や特定貸付け等によって第三者に農業経営を委譲した場合等に限定されています。

農業経営者が死亡した場合、その子が農業経営を継続しようと考えたとしても、農地が高い評価額により課税された場合、相続税を納税するために相続した農地を売却しなければならない事態も想定され、結果として農地の細分化や農業の衰退につながりかねません。

相続税納税猶予制度は、相続税負担が重く農業経営を継続できないといった事態に陥らないよう、相続により取得された農地が、引き続き農業の用に供される場合、本来の相続税額のうち農業投資価格を超える部分に対応する相続税について、一定の要件の下に納税を猶予し、相続人が死亡した場合等に猶予税額を免除する仕組みです。

そのため、被相続人は、現に農業経営の用に供されている農地の所有者等である以下の者に限られます。

① 死亡の日まで農業を営んでいた者
② 農地等の生前一括贈与をした者
③ 相続税納税猶予の適用を受けていた農業相続人又は農地等の生前一括贈与の適用を受けていた受贈者で営農困難時貸付けをし、税務署長に届出をした者
④ 死亡の日まで特定貸付けや認定都市農地貸付け等を行っていた者

2 農業相続人要件を充足するか

POINT

　農地を相続した相続人が相続税納税猶予特例の適用を受けるためには、相続税の申告期限までに、農業経営を開始しその後も引き続き農業経営を行うと認められるか、特定貸付けを行う必要があります。

　農業相続人は、被相続人の農業経営の後継者として農業を承継する必要があります。そのため、農業相続人は、相続税の申告期限までに農業経営を開始し、その後も引き続き農業経営を行うと認められるか、相続税の申告期限までに特定貸付けを行う必要があります。

　相続税納税猶予特例の適用を受けようとする農業相続人は、農業経営を開始し、その後も引き続き農業経営を行うと認められることについて、農業委員会から相続税納税猶予に関する適格者証明書を受ける必要があります。農業委員会から受けた適格者証明書は、相続税申告書に添付して相続税の申告期限までに税務署へ提出します。

3 特例農地等要件を充足するか

POINT

　相続税納税猶予特例を受けることの可能な特例農地等は、被相続人が農業の用に供していた農地等、特定貸付けを行っていた農地等及び営農困難時貸付けを行っていた農地等であって、相続税申告期限までに遺産分割されたものです。

　相続税納税猶予特例を受けるためには、対象となる農地について相続税申告期限までに遺産分割協議が完了している必要があります。そのため、被相続人が自ら農業の用に供していた農地等、特定貸付けを行っていた農地等及び営農困難時貸付けを行っていた農地等については、早い段階で誰が相続するのか、農業経営を開始して今後も継続していくのかを決める必要があります。

　ところで、農地等贈与税納税猶予特例の適用を受けていた場合、贈与者の死亡によりそれまで納税猶予を受けていた贈与税は免除されます。この場合、それまで納税猶

第9章　相続税　223

予の対象となっていた農地等はみなし相続財産となり、贈与者である被相続人から受贈者が相続又は遺贈により当該農地等を取得したものとみなして相続税が課税されることに留意が必要です。農地等贈与税納税猶予特例の対象農地についても相続税納税猶予特例の対象農地等となるため、相続開始により改めて相続税納税猶予特例を受けるか否かを意思決定することになります。

相続税納税猶予特例の対象となる農地のうち、相続税納税猶予特例を受ける農地を決めた場合、相続税納税猶予特例の適用を受ける旨を相続税申告書に記載します。

4　猶予相続税額及び利子税額に見合う担保を提供できるか

POINT

　農地等相続税納税猶予特例の適用を受けるためには、猶予相続税額及び利子税額に応じた担保提供をする必要があります。

相続税納税猶予制度の要件を満たす場合、相続で取得した農地について農業投資価格による価額を超える部分に対応する相続税額は、その納税が猶予されます。

平成30年の農業投資価格は、東京都を例にすると、田は1反90万円、畑は1反84万円となっています。農業投資価格を1㎡当たりの価額にすると、田は9,000円、畑は8,400円という低額になっており、相続税納税猶予制度を活用する対象となる特例農地に係る相続税額のほとんど全ての納税を猶予することが可能になります。

もっとも、相続税納税猶予特例は、相続税の納税を免除するものではなく、要件を充足し続ける限りにおいて相続税の納税を猶予する制度です。

相続税納税猶予制度は、農業相続人が本来納付すべき相続税額を猶予する代わりに、猶予相続税額や利子税額を担保するため、猶予相続税額や利子税額に応じた担保を提供することを求めています。そのため、農業相続人は、相続税納税猶予特例を受けるために、猶予相続税額や利子税額に応じた担保を提供することになります。

5　相続税申告書の提出期間を徒過していないか

POINT

　相続税納税猶予特例の適用を受けるためには、相続開始日の翌日から10か月の相続税申告書の提出期限までに、農地等相続税納税猶予特例の適用を受ける旨記載した相続税申告書を被相続人の最後の住所地を管轄する税務署へ提出する必要があります。

相続税の申告は、被相続人が死亡したことを知った日の翌日から10か月以内に行うことになっています。

相続税納税猶予特例の適用を受けるためには、相続税申告書に相続税納税猶予特例の適用を受ける旨等の所定の事項を記載し、相続税納税猶予に関する適格者証明書や担保関係書類等を添付して、相続税申告期限内に被相続人の最後の住所地を管轄する税務署へ提出する必要があります。

また、相続税納税猶予特例の適用を受けた場合、納税猶予期間中は、相続税申告期限から3年目ごとに引き続き相続税納税猶予特例の適用を受ける旨及び特例農地等に係る農業経営に関する所定事項を記載した継続届出書を税務署へ提出する必要があるため留意します。

なお、相続税納税猶予に関する適格者証明書についてはCase38の解説もご参照ください。

第9章　相続税　　225

（Case36）相続税納税猶予制度適用農地の買換えの特例を受け
たい

　贈与税や相続税の納税猶予特例の適用を受けている特例農地であっても、特
例農地の収用交換等で譲渡を行った後に当該譲渡による対価の全部又は一部を
代替農地の取得に充てた場合、代替農地の取得に充当された対価に対応する特
例農地の譲渡はなかったものとみなされ納税猶予が継続される特例農地の買換
え特例の手続があると聞きました。
　贈与税又は相続税の納税猶予の特例を受けている農地等の買換え等に関する
承認申請手続について教えてください。

◆チェック

□　特例農地の譲渡日から1か月以内に、代替農地等の取得等に関する承認申請書を提出したか
□　特例農地の譲渡日から1年を経過する日までに、代替農地の取得をしたか
□　代替農地取得の対価は、特例農地の譲渡の対価を超えているか
□　代替農地取得後、代替農地等の取得価額等の明細書を提出しているか

解　説

1　特例農地の譲渡日から1か月以内に、代替農地等の取得等に関する承認申請
書を提出したか

POINT

　特例農地の譲渡日から1か月以内に、譲渡日から1年以内に代替農地を取得する
見込みであることについて、納税地を所轄する税務署の承認を受けることで、特
例農地を譲渡しても納税猶予特例を引き続き受けることが可能になります。

　贈与税又は相続税納税猶予特例の適用農地等について、譲渡、貸付、転用、耕作放
棄等をすると、それまで納税を猶予していた猶予税額の納税が確定します。
　しかし、譲渡等があった日から1年以内に代替農地を取得する特例農地の買換えの

手続をすることで、贈与税又は相続税納税猶予特例を継続して受けることが可能です。

　農地等についての贈与税又は相続税の納税猶予の特例の適用を受けている者が特例農地等を譲渡等した場合において、引き続いて納税猶予の特例を継続して受けるためには、「代替農地等の取得等に関する承認申請書（納税猶予事案用）」を1か月以内に贈与税又は相続税の納税地を所轄する税務署へ提出し、譲渡日から1年以内に代替農地を取得等する見込みであることにつき承認を受けることが必要です。

2　特例農地の譲渡日から1年を経過する日までに、代替農地の取得をしたか

POINT

　特例農地の譲渡日から1年を経過する日までに、当該譲渡による対価の全部又は一部を代替農地の取得に充てた場合、代替農地の取得に充当された対価に対応する特例農地等の譲渡はなかったものとみなされ、納税猶予が継続されます。

　特例農地の買換えによる納税猶予の継続特例は、特例農地の譲渡日から1年を経過する日までに代替農地を取得した場合に納税猶予の確定事由の例外を認め、納税猶予を継続する特例です。

　したがって、譲渡した特例農地の代替農地の取得を譲渡日から1年以内にしておく必要があります。

3　代替農地取得の対価は、特例農地の譲渡の対価を超えているか

POINT

　特例農地を譲渡した際の対価のうち、代替農地の取得に充当されなかった対価に対応する特例農地は譲渡したものとされ、納税猶予が打ち切られます。

　買換えの特例で納税猶予が継続される特例農地の譲渡は、特例農地を譲渡した際の対価のうち、代替農地の取得に充当された対価に対応する部分に限定されています。代替農地の取得対価が特例農地の譲渡対価を上回っているのであれば、特例農地の譲渡対価全額を代替農地の取得に充当していることから、納税猶予の全体が継続することになります。

　他方、代替農地の取得対価が特例農地の譲渡対価を下回っている場合、特例農地の譲渡対価の一部しか代替農地の取得に充当していないことから、代替農地の取得対価を特例農地の譲渡対価で除した割合を譲渡した特例農地面積に乗じた部分は譲渡がなかったものとみなされますが、それ以外の部分は譲渡したものとされ、納税猶予期限が打ち切られ、利子税と合わせて猶予税額を納税する必要があります。

4 代替農地取得後、代替農地等の取得価額等の明細書を提出しているか

POINT

　特例農地の譲渡日から1年以内に代替農地を取得した場合、その代替農地等の取得価額等について遅滞なく税務署へ届け出る必要があります。

　特例農地の譲渡日から1年以内に代替農地の取得をする見込みについて税務署長の承認を受けた場合、当初の見込みどおり譲渡日から1年以内に代替農地を取得したときには、「代替農地等の取得価額等の明細書」を作成し、贈与税又は相続税の納税地を所轄する税務署へ提出する必要があります。

228　　第9章　相続税

【参考書式】

○代替農地等の取得等に関する承認申請書（納税猶予事案用）

代替農地等の取得等に関する承認申請書（納税猶予事案用）

（税務署受付印）

_____年_____月_____日提出

※欄は記入しないでください。

_____税務署長

〒
申請者 住 所 _____

氏 名 _____ ㊞
（電話番号　　　　－　　　　－　　　　）

　次の規定により、下記のとおり 贈与税／相続税 の納税猶予の適用に係る代替農地等の取得価額等に関する承認申請をします。

規定	贈与税	☐ 租税特別措置法施行令第40条の6第29項　（代替農地等の取得）
		☐ 租税特別措置法施行令第40条の6第32項　（代替農地等の付替え）
	相続税	☐ 租税特別措置法施行令第40条の7第29項　（代替農地等の取得）
		☐ 租税特別措置法施行令第40条の7第33項　（代替農地等の付替え）

(注)　贈与税又は相続税について、代替農地等の取得と付替えに関する承認を併せて受ける場合には、それぞれの「☐」にレ印をしてください。

記

譲渡等をした特例農地等	所　　在　　地			計
	地 目 等 、 面 積	㎡	㎡	
	贈与を受けた／相続（遺贈）があった 年月日	平成　年　月　日	平成　年　月　日	
	贈与／相続（遺贈） の時の価額	円	円	円
	農 業 投 資 価 格	円	円	円
	農業投資価格超過額	円	円	円
	譲渡等の年月日、態様	平成　年　月　日	平成　年　月　日	
	譲 渡 等 の 対 価 の 額	円	円	円
取得又はする農地等若しくは採草放牧地等の見込み	所　　在　　地			
	地 目 等 、 面 積	㎡	㎡	
	取得等予定の年月日	平成　年　月　日	平成　年　月　日	
	取 得 価 額 の 見 積 額（代替農地等の取得の場合）	円	円	円
	譲渡等の時における価額（代替農地等の付替えの場合）	円	円	円
摘要				

関 与 税 理 士		印	電話番号	

※	通信日付印の年月日	確認印	整理簿番号
	年　月　日		

（資12-19-1-A4統一）　　（平30.12）

（国税庁ウェブサイト）

第9章　相続税　　229

○代替農地等の取得価額等の明細書

代 替 農 地 等 の 取 得 価 額 等 の 明 細 書

※ 欄は記入しないでください。

（税務署受付印）

_____税務署長

〒
申請者　住　所 _____

氏　名 _____㊞
（電話番号　　　　－　　　－　　　　）

次の規定による承認申請に係る代替農地等の取得価額等は、下記のとおりです。

規定	贈与税	□	租税特別措置法施行令第40条の6第29項（代替農地等の取得）
		□	租税特別措置法施行令第40条の6第32項（代替農地等の付替え）
	相続税	□	租税特別措置法施行令第40条の7第29項（代替農地等の取得）
		□	租税特別措置法施行令第40条の7第33項（代替農地等の付替え）

(注)　贈与税又は相続税について、代替農地等の取得と付替えに関する承認を併せて受けた場合には、それぞれの「□」にレ印を記入してください。

記

譲渡等をした特例農地等	所　　在　　地					
	地　目　等　、　面　積	①	㎡	㎡	㎡	
	譲　渡　年　月　日　、　態　様		平成　年　月　日	平成　年　月　日	平成　年　月　日	
	贈　与　価　額　農業投資価格超過額	②	円	円	円	
	譲　渡　の　対　価　の　額	③	円	円	円	
取得等をした農地又は採草放牧地等	所　　在　　地					
	地　目　等　、　面　積	④	㎡	㎡	㎡	
	取　得　年　月　日		年　月　日	年　月　日	年　月　日	
	農地法の規定による許可又は届出の受理年月日		平成　年　月　日（許可・届出）	平成　年　月　日（許可・届出）	平成　年　月　日（許可・届出）	
	取　得　の　態　様					
	取　得　価　額（代替農地等の取得の場合）	⑤	円	円	円	
	譲渡等の時における価額（代替農地等の付替えの場合）	⑥	円	円	円	
	買入先　住所又は所在地					
	買入先　氏名又は名称					
譲渡等があった分	② × $\dfrac{③-(⑤+⑥)}{③}$		円	円	円	
譲渡等がなかった分	① × $\dfrac{⑤+⑥}{③}$〔1を超えるときは1とする。〕	⑦	㎡	㎡	㎡	
	② × $\dfrac{⑤+⑥}{③}$〔1を超えるときは1とする。〕	⑧	円	円	円	
摘要						

(注)　1　「農地法の規定による許可又は届出の受理年月日」欄は、代替農地等の取得に関する承認に基づき取得した農地又は採草放牧地について、農地法上の手続を行った場合に記載してください。
　　　2　「買入先」欄は、代替農地等の取得に関する承認の場合に記載してください。

関　与　税　理　士		印	電話番号	

※	検　印	整理簿番号

（資 12－20－Ａ4統一）　　（平30.12）

（国税庁ウェブサイト）

230　　第9章　相続税

Case37 　相続税納税猶予制度適用農地を貸したい

相続税納税猶予制度の適用を受けている農地を耕作しています。

高齢のため、一部の制度適用農地を農業者に貸したいと考えています。

相続税納税猶予制度適用農地を貸すためにどのような法律上の手続が必要でしょうか。

◆チェック

□　相続税納税猶予制度の適用が継続する貸借は、①都市農地貸借円滑化法、②農業経営基盤強化促進法、③農地中間管理事業法による貸借のいずれかとなる

□　相続税納税猶予制度適用農地を貸し付けたときは所轄の税務署にその旨を届け出る

解　説

1　相続税納税猶予制度の適用が継続する貸借は、①都市農地貸借円滑化法、②農業経営基盤強化促進法、③農地中間管理事業法による貸借のいずれかとなる

POINT

　相続税納税猶予制度の適用が継続する農地の貸借は、地域区分等により法律や制度が相違しており、借受人はそれぞれの法制度の要件を満たすことが必要です。

（1）　生産緑地

都市農地貸借円滑化法による貸付けの場合は、制度の適用が継続されます（Case31参照）。

（2）　農業振興地域（特定貸付けの場合）（※）

以下のいずれかの要件を満たす貸借の場合には、制度の適用が継続されます。

①　農地中間管理事業法による貸借であること（租特70の6の2①一）

②　農業経営基盤強化促進法による農地利用集積円滑化事業であること（租特70の6の2①二）

③　農業経営基盤強化促進法による農用地利用集積計画であること（租特70の6の2①三）

第9章　相続税　231

（3）　農業振興地域を除く市街化区域以外（特定貸付けの場合）（※）

以下のいずれかの要件を満たす貸借の場合には、制度の適用が継続されます。

①　農業経営基盤強化促進法による農地利用集積円滑化事業であること（租特70の6の2①二）

②　農業経営基盤強化促進法による農用地利用集積計画であること（租特70の6の2①三）

※令和元年5月24日法律12号による改正法施行後の取扱い

　改正法施行日（公布日から1年3か月を超えない範囲内で政令で定める日）後は、農地中間管理事業の対象地域が市街化区域以外まで拡大されます（改正農地中間2③）。それにより、上記(2)(3)の区分はなくなり、下記のようになります。

・市街化区域以外（特定貸付けの場合）

　以下のいずれかの要件を満たす貸借の場合には、制度の適用が継続されます。

①　農地中間管理事業法による貸借であること（租特70の6の2①一）

②　農業経営基盤強化促進法による農用地利用集積計画であること（改正租特70の6の2①二）

（4）　生産緑地を除く市街化区域

貸借をすると相続税納税猶予制度の期限が確定します（打切り）。ただし、営農困難時貸付けを除きます。

　農業経営基盤強化促進法若しくは農地中間管理事業法による農地の貸付けを行いたいときには、市町村等に農地の貸付けの申込みを行います。都市農地貸借円滑化法についてはCase31をご参照ください。

2　相続税納税猶予制度適用農地を貸し付けたときは所轄の税務署にその旨を届け出る

POINT

　特定貸付けをしたときは、市町村長等より貸借をした旨の証明を受けて、所轄の税務署に届け出ることが義務づけられています。

　特定貸付けを行った際には、市町村長等により貸借をした旨の証明を受けて税務署に届け出ますが、その特定貸付けの種別によって証明を交付する機関が異なりますので、注意が必要です。

特定貸付けの種別	証明交付機関
都市農地貸借円滑化法	市町村長
農業経営基盤強化促進法	市町村長若しくは農地利用集積円滑化団体
農地中間管理事業法	市町村長若しくは農地中間管理機構

【参考書式】

○証明願（農地中間管理事業法による相続税納税猶予制度の特定貸付けの場合）

様式37号（第2の2の(12)及び(30)関係）

特定貸付けを行った旨の証明書

証　明　願

〇〇〇〇 年 〇〇月 〇〇日

　農地中間管理機構　殿

申請者　住所 〇〇県〇〇市〇〇町〇-〇
　　　　氏名 〇〇〇〇　　　　印

　租税特別措置法 ~~第70条の4の2第1項、第3項又は第5項~~ 第70条の6の2第1項又は第3項 の適用を受けるため、同法 ~~第70条の4第1項~~ 第70条の6第1項 の規定の適用を受ける下記の農地等について行われた貸付けが、

同法 ~~第70条の4の2第1項各号~~ 第70条の6の2第1項各号 に掲げる 〈 農地中間管理事業の推進に関する法律第2 ~~農業経営基盤強化促進法第4条第3項第1~~ ~~農業経営基盤強化促進法第4条第3項第1~~

条第3項に規定する農地中間管理事業
~~号イ又は第2号に規定する農地利用集積円滑化事業（農地所有者代理事業）~~ 〉のため
~~号ロに規定する農地利用集積円滑化事業（農地売買等事業）~~

に行われた貸付けであることを証明願います。

記

所 在 地 番	地　目	面　積	貸付けが行われた年月日
〇〇県〇〇市〇〇番地	畑	〇〇〇〇 ㎡	〇〇〇〇年〇〇月〇〇日

第 〇〇 号

　上記の農地等について行われた貸付けが、〈 農地中間管理事業の推進に関する法律 ~~農業経営基盤強化促進法第4条第3項~~ ~~農業経営基盤強化促進法第4条第3項~~

第2条第3項に規定する農地中間管理事業
~~第1号イ又は第2号に規定する農地利用集積円滑化事業（農地所有者代理事業）~~ 〉の
~~第1号ロに規定する農地利用集積円滑化事業（農地売買等事業）~~

ために行われた貸付けであることを証明する。

〇〇〇〇 年 〇〇月 〇〇日
農地中間管理機構
　事務所 〇〇県〇〇市〇〇町〇〇番地
　名　称 〇〇〇〇
　代表者 〇〇〇〇　　　　印

（昭51・7・7　51構改B1254　様式37号）

第9章　相続税　　233

○相続税の納税猶予の特定貸付けに関する届出書

相続税の納税猶予の特定貸付けに関する届出書

税務署受付印

平成〇〇年〇〇月〇〇日

※欄は記入しないでください。

　　　　〇〇　　　税務署長

〒　〇〇〇－〇〇〇〇
届出者　住所　〇〇県〇〇市〇〇町〇－〇
氏名　〇〇〇〇　　　　　　　　㊞
（電話番号　〇〇〇－〇〇〇－〇〇〇〇）

　　　租税特別措置法第70条の6の2第1項に規定する特定貸付けを行った下記の特例農地

等については同項の規定の適用を受けたいので、同項の規定により届け出ます。

1　被相続人等に関する事項					
被相続人	住所	〇〇県〇〇市〇〇町〇－〇	氏名		〇〇〇〇
届出者が被相続人から農地等を相続（遺贈）により取得した年月日			昭和 平成　〇〇年　〇〇月　〇〇日		

2　特定貸付けに関する事項

借り受けた者	住所（居所）又は本店（主たる事務所）の所在地	〇〇県〇〇市〇〇町〇－〇	氏名又は名称	〇〇〇〇
特定貸付けを行った年月日	平成　〇〇　年　〇〇　月　〇〇　日	地上権、永小作権、使用貸借による権利又は賃借権の存続期間	自：平成　〇〇　年　〇〇　月　〇〇　日	
			至：平成　〇〇　年　〇〇　月　〇〇　日	

　　上記の者へ特定貸付けを行った特例農地等の明細は、付表1のとおりです。

　　上記の特定貸付けは、次の貸付けにより行いました。（該当する番号を〇で囲んでください。）

　⑴　農地中間管理事業による使用貸借による権利又は賃借権の設定に基づく貸付け

　⑵　農地利用集積円滑化事業による地上権、永小作権、使用貸借による権利又は賃借権の設定に基づく貸付け

　⑶　農用地利用集積計画の定めるところによる使用貸借による権利又は賃借権の設定に基づく貸付け

3　平成30年8月31日以前の相続（遺贈）について納税猶予の適用を受けている農業相続人（相続（遺贈）により取得した日において特例農地等のうちに都市営農農地等を有しない農業相続人に限ります。）が有する特例農地等に関する事項

　　農業相続人が有する特例農地等の取得をした日における当該特例農地等の区分は、付表2の1、同2の2及び同2の3のとおりです。

関与税理士	〇〇〇〇	印	電話番号	〇〇〇－〇〇〇－〇〇〇〇

※	通信日付印の年月日	確認印	整理簿番号
	年　月　日		

（資12－120－1－A4統一）　　（平30.12）

234 第9章 相続税

特定貸付けに関する届出書　付表1	届出者氏名	○○○○

特定貸付けを行った特例農地等の明細は、次のとおりです。

番号	所　在　場　所	地　目	面　積
1	○○県○○市○○町○○番	畑	○○○○ ㎡

(資12-120-2-A4統一)

第9章　相続税

特定貸付けに関する届出書　付表2の1

届出者氏名

特例農地等の取得した日における生産緑地地区内農地等の区分の明細
（特定貸付けに関する届出書　付表2の1、同2の2及び同2の3は、特例農地等のうちに相続（遺贈）により取得をした日において都市営農農地等を有しない納税猶予適用者の方が作成します。）

1　特例農地等のうち相続（遺贈）により取得をした日において生産緑地地区内農地等であるもの

番号	所　在　場　所	地　目	面　積
			㎡

（資12－120－3－1－A4統一）

第9章　相続税

特定貸付けに関する届出書　付表2の2　届出者氏名

2　特例農地等のうち相続(遺贈)により取得をした日において市街化区域内農地等であるもの

番号	所　在　場　所	地　目	面　積
			㎡

(資12-120-3-2-A4統一)

第9章　相続税　　237

特定貸付けに関する届出書　付表2の3

届出者氏名	

番号	所　在　場　所	地　目	面　積
			㎡

3　特例農地等のうち相続(遺贈)により取得をした日において市街化区域内農地等以外であるもの

（資12-120-3-3-A4統一）

（国税庁ウェブサイト）

238 第9章 相続税

Case38 都市農地貸借円滑化法又は特定農地貸付法の用に供される生産緑地について相続税納税猶予制度の適用を受けたい

最近、相続があり、亡父が所有していた農地は生産緑地のみで、その生産緑地を都市農地貸借円滑化法により農業者に、特定農地貸付法により市民農園の用地として市に貸しています。

私は会社に勤めており、他県に単身赴任中であることからも、すぐに会社を退職し農業に就くことはできません。しかし、将来的には実家の農業に携わりたいと思っています。

そのため、私が生産緑地を相続し、貸し付けたまま相続税納税猶予制度の適用を受けたいと考えていますが、農地制度上、どのような手続が必要でしょうか。

◆チェック

□ 農地法3条の3による相続時等の届出を行う

□ 相続税納税猶予制度の適格者証明を農業委員会より受ける

□ 被相続人との貸借契約は貸借の期限が到達するまで引き継がれるが、特に賃貸借においては、契約書において貸付人名の変更を行う

解 説

1 農地法3条の3による相続時等の届出を行う

POINT

農地法等の手続を経ずに農地の権利を取得したときは農業委員会へ届出を行います。

農地法等をはじめとする農地制度の手続を経ず、相続等により、農地等の権利を取得した者は、遅滞なく、当該農地の所在地を管轄する農業委員会にその旨を届け出ることが義務づけられています（農地3の3）。ただし、農地法5条1項の本文若しくは農地法施行規則15条（5号を除きます。）の規定に基づき権利を取得したときは例外となります（農地則20一・五）。

第9章　相続税　　239

2　相続税納税猶予制度の適格者証明を農業委員会より受ける

POINT

相続税納税猶予制度の適用を受けるためには農業委員会による適格者証明が必要です。

相続税納税猶予制度の適用を受けるためには、農業委員会より適格者証明を受ける必要があります。

都市農地貸借円滑化法及び特定農地貸付法により貸借していた農地については、生産緑地であれば、貸し付けたまま、相続税納税猶予制度の適用を受けることができます（租特70の6の4）。

相続税納税猶予制度を適用後、3年ごとに、農業委員会等より引き続き貸付けを行っている旨の証明を受け、農業委員会等が交付する証明書は、他の提出書類とともに税務署に提出をします。

3　被相続人との貸借契約は貸借の期限が到達するまで引き継がれるが、特に賃貸借においては、契約書において貸付人名の変更を行う

POINT

都市農地貸借円滑化法による貸借の契約書で貸付人名の変更を行ったときは、借受人が市町村長に都市農地貸借円滑化法による事業計画の変更を届け出ます。

都市農地貸借円滑化法等による生産緑地の貸借は、賃貸借であっても使用貸借であっても農地の貸付人が死亡したときにおいては、原則、貸借期限に到達するまではその契約において貸借が継続します（民896・599（改正民597③））。

ただし、賃貸借においては、農地法21条に「農地又は採草放牧地の賃貸借契約については、当事者は、書面によりその存続期間、借賃等の額及び支払条件その他その契約並びにこれに付随する契約の内容を明らかにしなければならない」と規定されていることから、特に賃貸借の場合は、契約書において貸付人名の変更をすることが肝要であり、変更したときは、借受人が市町村長に都市農地貸借円滑化法の事業計画の変更を届け出ます（都市農地貸借6②）。

市町村が開設する市民農園のための特定農地貸付法では特段このような手続は定められていません。

【参考書式】
○農地法第3条の3第1項の規定による届出書

様式例第3号の1

農地法第3条の3第1項の規定による届出書

〇〇〇〇年〇〇月〇〇日

〇〇市 農業委員会会長　殿

住所　〇〇県〇〇市〇〇町〇－〇
氏名　〇〇〇〇　　　　　　　印

　下記農地（採草放牧地）について、相続により所有権を取得したので、農地法第3条の3第1項の規定により届け出ます。

記

1　権利を取得した者の氏名等

氏　名	住　所
〇〇〇〇	〇〇県〇〇市〇〇町〇－〇

2　届出に係る土地の所在等

所在・地番	地　目		面積（㎡）	備　考
	登記簿	現況		
〇〇市〇〇町〇〇番	畑	畑	4,800	生産緑地
〇〇市〇〇町〇〇番	畑	畑	5,100	市民農園

3　権利を取得した日
　　〇〇〇〇年〇〇月〇〇日

4　権利を取得した事由
　　相続による取得
5　取得した権利の種類及び内容
　　所有権
6　農業委員会によるあっせん等の希望の有無
　　希望なし

（平21・12・11　21経営4608・21農振1599　別紙1　様式例第3号の1)

第9章 相続税 241

○相続税の納税猶予に関する適格者証明書

様式18号（第2の1の(20)関係）

相続税の納税猶予に関する適格者証明書

証　明　願

○○○○年○○月○○日

　　○○市 農業委員会長　殿

農地等の相続人氏名　　○○○○　　　印

　下記の事実に基づき、被相続人及び私が租税特別措置法第70条の6第1項の規定の適用を受けるための適格者であることを証明願います。

1．被相続人に関する事項

住所	○○県○○市○○町○－○	氏名	○○○○	職業	農業
相続開始年月日	○○○○年○○月○○日	農地等の生前一括贈与を受けていた場合には、その年月日		（年号） 　　年　　月　　日	

被相続人の所有面積	耕作農地	○○○○ ㎡	被相続人が農業経営主でない場合	農業経営者の氏名	
	採草放牧地	0		農業経営者と被相続人との同居・別居の別	同居・別居
	合　計	○○○○			

特定貸付け、営農困難時貸付け又は認定都市農地貸付け等を行っていた者である場合	分　類	特定貸付け　・　営農困難時貸付け　・　（認定都市農地貸付け）　・　（農園用地貸付け）	
	貸付年月日	① 認定都市農地貸付け　○○○○年○○月○○日 ② 農園用地貸付け　　　○○○○年○○月○○日	
	貸付先の農業経営者又は市民農園開設者の氏名又は名称	① ○○○○ ② ○○市長　○○○○	
	その他参考事項		

2．農地等の相続人に関する事項
（1）農地等の相続人

住所	○○県○○市○○町○－○	氏名	○○○○	職業	会社員
生年月日	○○○○年○○月○○日	被相続人との続柄　子	相続開始の時における被相続人との同居・別居の別　同居・（別居）	相続開始前において農業に従事した実績の有無	有・（無）

特例の適用を受けようとする農地等の明細	別表のとおり	左記の農地等による農業経営の開始年月日等	（年号） ~~　年　　月　　日~~ （認定都市農地貸付け等） （全部）

今後引き続き農業経営を行うことに関する事項（特定貸付け、営農困難時貸付け又は認定都市農地貸付け等に関する事項）	①認定都市農地貸付けを継続　○○○○年○○月○○日に貸付け ②農園用地貸付けを継続　　　○○○○年○○月○○日に貸付け	
身体若しくは精神の障害又は老人ホーム等への入所の有無		有・（無）
その他参考事項		

第9章　相続税

（2）農地等の相続人の推定相続人（生前一括贈与を受けていた農地等について使用貸借による権利が設定されている場合）				
住所		氏名		職業
生年月日	（年号）　　年　月　日	相続人との続柄	使用貸借による権利の設定の年月日	（年号）　年　　月　　日
使用貸借に係る農地等の明細	別表のとおり	左記の農地等による農業経営開始年月日	（年号）　年　　月　　日
今後引き続き推定相続人が農業経営を行うことに関する事項	
相続人が推定相続人の経営する農業に従事していることに関する事項	

　上記の証明願のとおり、被相続人及び農地等の相続人は、租税特別措置法第70条の6第1項に規定する適格者であることを証明する。
　　　　　　○○○○年○○月○○日

　　　　　　　　　　　　　　　○○市農業委員会長　　　　○○○○　　　印

別表1　特例適用農地等の明細書

相続税の納税猶予の特例の適用を受ける者	住　所	○○県○○市○○町○-○	※　3年毎の継続届出書の整理欄			
			1回目・・	2回目・・	3回目・・	4回目・・
	氏　名	○○○○	5回目・・	6回目・・	7回目・・	8回目・・
相続開始年月日		○○○○年○○月○○日				
農地等の生前一括贈与を受けていた場合は、その年月日		（年号）　　年　月　日				

特例適用農地等の明細										
番号	田畑、採草放牧地又は準農地の別	登記簿上の地目	所在場所	市街化区域内外の別	特定貸付農地等	営農困難時貸付農地等	認定都市農地貸付農地	農園用地貸付農地	面積（㎡）	※譲等、耕作の放棄又は買取りの申出等についての整理欄
1	畑	畑	○○市○○町○○番	⑭・外			○		○○○	
2	畑	畑	○○市○○町○○番	⑭・外				○	○○○	
19				内・外						
合　計									9,900	

第9章　相続税　　243

別表2　障害等の状況についての申告書

番号	項　目	添付資料
1	精神障害者保健福祉手帳（1級）の交付を受けていること	
2	身体障害者手帳（1級又は2級）の交付を受けていること 　手帳に記載された障害名（　　　　　　　　　　　　　　　）	
3	要介護認定（要介護状態区分5のもの）を受けていること	
4	1から3以外の身体若しくは精神の障害の状況	
(1)	両眼の視力が0.1以下になっている	
(2)	周辺視野角度（I／4視標による。）の総和が左右眼それぞれ80度以下かつ両眼中心視野角度（I／2視標による。）が56度以下になっている、又は両眼開放視認点数が70点以下かつ両眼中心視野視認点数が40点以下になっている	
(3)	両耳の聴力レベルが90デシベル以上になっている	
(4)	平衡機能に著しい障害がある	
(5)	咀嚼又は言語の機能を廃している	
(6)	咀嚼及び言語の機能に著しい障害がある	
(7)	精神に著しい障害がある	
(8)	神経系統の機能に著しい障害がある	
(9)	胸腹部臓器の機能に著しい障害がある	
(10)	上肢又は下肢の全部又は一部を喪失している	
(11)	一上肢又は一下肢の機能を全廃している	
(12)	一上肢の三大関節のうち、二関節の機能を廃している	
(13)	両手の手指又は両足の足指の全部又は一部を喪失している	
(14)	両手の母指、示指又は中指の機能を廃している	
(15)	一手の母指及び示指の機能を廃している	
(16)	母指又は示指を含めて一手の三指の機能を廃している	
(17)	一下肢の三大関節のうち、二関節の機能を廃している	
(18)	両足の足指の全部の機能を廃している	
(19)	長管状骨に偽関節を残し、運動機能に著しい障害を残している	
(20)	体幹の機能に座っていること、立ち上がること又は歩くことができない程度の障害を有している	
(21)	脊柱の機能に著しい障害を残している	
(22)	(1)～(21)の他、身体の機能の障害若しくは病状又は精神の障害が重複している	
(23)	満75歳以上であり、身体の機能が低下しており、農業に従事することが困難である	
5	福祉施設への入所の状況	
(1)	生活保護法に規定する救護施設へ入所している	
(2)	老人福祉法に規定する認知症対応型老人共同生活援助事業を行う住居、養護老人ホーム、特別養護老人ホーム、軽費老人ホーム又は有料老人ホームへ入居又は入所している	
(3)	介護老人保健施設又は介護療養型医療施設へ入所している	
(4)	障害福祉サービス事業を行う施設又は障害者支援施設へ入所している	

（昭51・7・7　51構改B1254　様式18号）

○引き続き認定都市農地貸付け等を行っている旨の証明書

様式21号（第2の1の(26)関係）

引き続き認定都市農地貸付け等を行っている旨の証明書

証　明　願

〇〇〇〇年 〇〇 月 〇〇 日

〇〇市農業委員会長　殿

申請者　　住所 〇〇県〇〇市〇〇町〇-〇
氏名 〇〇〇〇　　印

　私は、租税特別措置法第70条の6第1項の規定の適用を受ける農地等について、

同法第70条の6の4第1項の規定の適用を受ける （認定都市農地貸付け）　　　　を下記の
農園用地貸付け

期間引き続き行っていることを証明願います。

記

引き続き （認定都市農地貸付け） を行っている期間
農園用地貸付け

〇〇〇〇 年〇〇月〇〇日から　 〇〇〇〇 年〇〇月〇〇日まで

第 〇〇 号

　上記のとおり相違ないことを証明する。

〇〇〇〇 年〇〇月〇〇日
〇〇市農業委員会長　〇〇〇〇　　印

（昭51・7・7　51構改Ｂ1254　様式21号）

第9章　相続税　　245

○事業計画の変更の届出書（抜粋）

様式例第3号の2

事業計画の変更の届出書

○○○○年○○月○○日

○○市長　殿

申請者
住所　○○県○○市○○町○-○
氏名　○○○○　　印

平成31年3月1日付けで都市農地の貸借の円滑化に関する法律（平成30年法律第68号。以下「法」という。）第4条第3項の認定を受けた都市農地（以下「認定都市農地」という。）について、法第6条第2項の規定に基づき、下記の事業計画（都市農地の貸借の円滑化に関する法律第4条第1項の「事業計画」をいう。以下同じ。）の変更を届け出ます。

記

事 業 計 画

【 I　共通項目】

1　賃借権等の認定を受けようとする者の氏名及び住所(注)

氏名又は名称	住所
○○○○	○○県○○市○○町○-○

注：法人の場合は事務所の住所地、法人の名称及び代表者の氏名を記載

2　賃借権等の設定を受ける都市農地

所在・地番	地目		面積 (㎡)	所有者(注1)	
	登記簿	現況		住所	氏名又は名称(注2)
○○県○○市○○町○○番地	畑	畑	○○○	○○県○○市○○町○-○ （○○県○○市○○町○-○）	○○○○ （○○○○）

設定を受ける賃借権等			賃料（円） (注3)	賃料の支払い方法(注3)	備考(注4)
種類	始期	存続期間			
賃借権	○○○○年○○月○○日	○年間	年○○○○	毎年3月末日までに○○○○の農協の指定口座に振り込む。	

注1：法人の場合は事務所の住所地、法人の名称及び代表者の氏名を記載
注2：登記簿上の所有名義人と現在の所有者が異なるときは、括弧書きで登記簿上の所有者についても記載してください
注3：賃貸借等の契約書に当該事項が記載されている場合は「契約書のとおり」と記載すれば足りる
注4：農地法第43条第1項の規定の適用を受け賃借権等の設定を受ける農地をコンクリートその他これに類するもので覆う場合及び賃借権等の設定を受ける農地が既に同項の規定の適用を受けこれらで覆われている場合は、その旨を記載

※事業計画の次項目以降はCase31の「事業計画の認定申請書」を参照

（平30・8・31　30農振1660　様式例第3号の2・様式例第1号の1を参考に作成）

246　　第9章　相続税

Case39　相続放棄をしたい

　父は、農地を借りて耕作をしてきました。父が亡くなり父の財産を相続することになりましたが、農業を継続する者が相続人にいません。

　ほとんど財産もなく、父は生前に借金があったようなので相続放棄をする意向です。相続放棄の手続を教えてください。

◆チェック

□　法定相続人は確定しているか
□　相続開始を知った時から3か月が経過していないか
□　相続放棄するかを3か月以内に決められない場合、期間伸長手続をしているか
□　どこの家庭裁判所に相続放棄の申述をするか

解　説

1　法定相続人は確定しているか

POINT

　相続の手続を進めていく上で、まずは法定相続人を確定させる必要があります。法定相続人を調査するためには、被相続人の戸籍や原戸籍を出生まで遡って取得し調査します。子が結婚等で分籍している場合には分籍している法定相続人について、現在までの戸籍を取得します。

　配偶者は相続人になります（民890）。

　被相続人に子がいる場合には、子は相続人になります（民887①）。配偶者と子が相続人になる場合、法定相続分は、配偶者が2分の1、子が2分の1となります（民900一）。

　被相続人に子はいないが、直系尊属（父母や祖父母等）が健在の場合、直系尊属が相続人となります（民889①一）。配偶者と直系尊属が相続人となる場合、法定相続分は、配偶者が3分の2、直系尊属が3分の1となります（民900二）。

　被相続人に子も直系尊属もいない場合には、被相続人の兄弟姉妹が相続人となりま

す（民889①二）。兄弟姉妹と配偶者が相続人となる場合、法定相続分は、配偶者が4分の3、兄弟姉妹が4分の1となります（民900三）。

　配偶者と子、直系尊属又は兄弟姉妹の法定相続分は次表のとおりです。

<法定相続人と法定相続分>

1 配偶者	1（100%）		
2 配偶者	2分の1	子2分の1	子が複数の場合は2分の1を均等分割
3 配偶者	3分の2	直系尊属3分の1	直系尊属が複数の場合は3分の1を均等分割
4 配偶者	4分の3	兄弟姉妹4分の1	兄弟姉妹が複数の場合は4分の1を均等分割

2　相続開始を知った時から3か月が経過していないか

POINT

　相続人は、自己のために相続の開始があったことを知った時から3か月以内に、相続について、単純相続をするか限定承認をするか相続放棄をするか決めなければならないのが原則です（民915）。

　相続放棄ができる期間のことを、熟慮期間といいます。

　相続は、死亡によって開始します（民882）。そのため、熟慮期間の始期は被相続人の死亡時となります。

　そして、相続放棄は、被相続人が死亡したことを知った時から3か月以内にする必要があります（民915）。したがって、熟慮期間の終期は被相続人が死亡したことを知った時から3か月後の日となります。

　したがって、相続放棄の熟慮期間は、被相続人の死亡時から被相続人が死亡したことを知った時から3か月後の日までの3か月間となります。

　被相続人の死亡を知るまでに時間がかかった場合には、死亡した日からではなく、死亡したことを知った日から3か月の期間を計算することになります。そのため、熟慮期間は被相続人の死亡日から3か月よりも長くなることもあり得ます。

　なお、被相続人の死亡日から3か月以降のタイミングで相続放棄の申述をすると、申述人が相続開始を知った日がいつかを見極めるため、裁判所から照会書が送られてくることがあります。照会書を受領した場合、照会事項について裁判所へ回答する必要があります。

3 相続放棄するかを3か月以内に決められない場合、期間伸長手続をしているか

POINT

相続放棄の熟慮期間は、利害関係人又は検察官の請求によって、家庭裁判所において伸長することができます（民915①ただし書）。

法定相続人の調査や相続財産の調査等に時間を要し被相続人が死亡したことを知った時から3か月以内に、相続を承認するか放棄するかの判断をすることが困難な場合があります。

相続放棄の熟慮期間は、利害関係人又は検察官の請求によって、家庭裁判所において伸長することができます。

熟慮期間内に相続を承認するか放棄するかの判断をすることが困難な場合、自己のために相続開始があったことを知った時から3か月以内に、相続の承認又は放棄の期間の伸長の申立てをすることを検討してください。

4 どこの家庭裁判所に相続放棄の申述をするか

POINT

相続放棄の申述は、被相続人の最後の住所地を管轄する家庭裁判所に対して行います。

相続放棄申述書は、申述人の住所地を管轄する家庭裁判所ではなく、被相続人の最後の住所地を管轄する家庭裁判所に対し提出します。

相続放棄申述書には、申述人が法定相続人であることを基礎づけるため、被相続人の出生時から死亡時までの全ての戸籍全部事項証明書（戸籍謄本）や申述人の出生時からの戸籍全部事項証明書（戸籍謄本）等を添付することが必要です。

第9章　相続税　　　　249

【参考書式】

○相続放棄申述書

<table>
<tr>
<td rowspan="3">受付印</td>
<td colspan="2" align="center">相 続 放 棄 申 述 書</td>
</tr>
<tr>
<td colspan="2">（この欄に申立人１人について収入印紙８００円分を貼ってください。）</td>
</tr>
<tr>
<td>（貼った印紙に押印しないでください。）</td>
<td></td>
</tr>
</table>

| 収 入 印 紙 | 円 |
| 予納郵便切手 | 円 |

| 準口頭 | | 関連事件番号　平成・令和　　年（家　　）第　　　　号 |

<table>
<tr>
<td rowspan="2">東京　家庭裁判所
御中
令和〇〇年〇〇月〇〇日</td>
<td>申　述　人
〔未成年者などの場合は定代理人〕
の記名押印</td>
<td>〇〇〇〇　　印</td>
</tr>
</table>

| 添付書類 | （同じ書類は１通で足ります。審理のために必要な場合は追加書類の提出をお願いすることがあります。）
☑戸籍（除籍・改製原戸籍）謄本（全部事項証明書）　合計 2 通
☑被相続人の住民票除票又は戸籍附票
□ |

<table>
<tr>
<td rowspan="5" align="center">申
述
人</td>
<td>本　籍
（国　籍）</td>
<td colspan="4">〇〇　都道府県　〇〇市〇〇町〇番地</td>
</tr>
<tr>
<td>住　所</td>
<td colspan="4">〒 〇〇〇－〇〇〇〇　　　　　電話〇〇〇（〇〇〇）〇〇〇〇
〇〇県〇〇市〇〇町〇－〇
　　　　　　　　　　　　　　　　　（　　　　方）</td>
</tr>
<tr>
<td>フリガナ
氏　名</td>
<td colspan="2">〇〇〇〇
〇〇〇〇</td>
<td>昭和
平成　〇〇年〇〇月〇〇日生
令和　（〇〇歳）</td>
<td>職業　会社員</td>
</tr>
<tr>
<td>被相続人
との関係</td>
<td colspan="4">※　　　　　① 子　　　2 孫　　　3 配偶者　　　4 直系尊属（父母・祖父母）
被相続人の・・・
　　　　　　5 兄弟姉妹　　6 おいめい　　7 その他（　　　　　）</td>
</tr>
</table>

<table>
<tr>
<td rowspan="2" align="center">法定代理人等</td>
<td>※
1 親権者
2 後見人
3</td>
<td>住　所</td>
<td>〒　　－　　　　　　　　　電話　（　　　）
　　　　　　　　　　　　　　（　　　　方）</td>
</tr>
<tr>
<td></td>
<td>フリガナ
氏　名</td>
<td>フリガナ
氏　名</td>
</tr>
</table>

<table>
<tr>
<td rowspan="3" align="center">被相続人</td>
<td>本　籍
（国　籍）</td>
<td colspan="2">〇〇　都道府県　〇〇市〇〇町〇番地</td>
</tr>
<tr>
<td>最後の
住　所</td>
<td>〇〇県〇〇市〇〇町〇－〇</td>
<td>死亡当時の職業　農業</td>
</tr>
<tr>
<td>フリガナ
氏　名</td>
<td>〇〇〇〇
〇〇〇〇</td>
<td>平成・令和〇〇 年 〇〇 月 〇〇 日死亡</td>
</tr>
</table>

（注）太枠の中だけ記入してください。　※の部分は、当てはまる番号を〇で囲み、被相続人との関係欄の７、法定代理人等欄の３を選んだ場合には、具体的に記載してください。

相続放棄（1／2）

申　述　の　趣　旨
相　続　の　放　棄　を　す　る　。

申　述　の　理　由	
※　相続の開始を知った日・・・・平成・令和○○年○○月○○日 　①　被相続人死亡の当日　　　3　先順位者の相続放棄を知った日 　2　死亡の通知をうけた日　　4　その他（　　　　　　　　　）	
放　棄　の　理　由	相　続　財　産　の　概　略
※ 　1　被相続人から生前に贈与 　　を受けている。 　2　生活が安定している。 　3　遺産が少ない。 　4　遺産を分散させたくない。 　⑤　債務超過のため。 　6　その他 　　〔　　　　　　　　　　〕	資 産 農　地・・・・・約＿＿＿＿平方メートル 山　林・・・・・約＿＿＿＿平方メートル 宅　地・・・・・約＿＿＿＿平方メートル 建　物・・・・・約＿＿＿＿平方メートル 現金・預貯金・・約＿＿＿＿万円 有価証券・・・・約＿＿＿＿万円
	負　債・・・・・・・約＿1,000＿万円

（注）太枠の中だけ記入してください。　※の部分は，当てはまる番号を○で囲み，申述の理由欄の4，
　　　放棄の理由欄の6を選んだ場合には，（　　　）内に具体的に記入してください。

相続放棄（2／2）

（東京家庭裁判所ウェブサイト掲載の書式をもとに執筆者が独自に作成）

第9章 相続税 251

○家事審判申立書（相続の承認又は放棄の期間の伸長）

受付印		家 事 審 判 申 立 書　事件名（相続の承認又は放棄の期間の伸長）
		（この欄に申立手数料として1件について800円分の収入印紙を貼ってください。）
収 入 印 紙　　　　円		
予納郵便切手　　　　円		（貼った印紙に押印しないでください。）
予納収入印紙　　　　円		

準口頭		関連事件番号　平成・令和　　　年（家　　）第　　　　　　　　　　　　号

東 京 家 庭 裁 判 所　　　御中 令和 ○○ 年 ○○ 月 ○○ 日	申 立 人 （又は法定代理人など） の 記 名 押 印	○○○○　　　　　　　　　印

添付書類	（審理のために必要な場合は，追加書類の提出をお願いすることがあります。） 申立人の戸籍謄本（全部事項証明書）　　　通 被相続人の戸籍謄本（全部事項証明書）等　　　通　住民票除票　　　通

申 立 人	本　籍 （国　籍）	○○　都道府県　○○市○○町○番地
	住　所	〒 ○○○ － ○○○○　　　　　電話 ○○○（○○○）○○○○ ○○県○○市○○町○－○　　　　　　　　　（　　　　　方）
	連絡先	〒　　　－ （注：住所で確実に連絡できるときは記入しないでください。）　電話（　　　） （　　　　　方）
	フリガナ 氏　名	○○○○ ○○○○	昭和 平成 ○○年○○月○○日 生 令和　　　　（ ○○ 歳）
	職　業	会社員

※ 被 相 続 人	本　籍 （国　籍）	○○　都道府県　○○市○○町○番地
	最後の 住　所	〒 ○○○ － ○○○○　　　　　電話 ○○○（○○○）○○○○ ○○県○○市○○町○－○　　　　　　　　　（　　　　　方）
	連絡先	〒　　　－ 　　　　　　　　　　　　　　　　　　　　　電話（　　　） （　　　　　方）
	フリガナ 氏　名	○○○○ ○○○○	大正 昭和 ○○年○○月○○日 生 平成　　　　（ ○○ 歳）
	職　業	農業

（注）　太枠の中だけ記入してください。
　　※の部分は，申立人，法定代理人，成年被後見人となるべき者，不在者，共同相続人，被相続人等の区別を記入してください。

別表第一（1/2）

申　立　て　の　趣　旨
申立人が、被相続人○○○○の相続の承認又は放棄をする期間を令和○○年○○月○○日まで伸長するとの審判を求めます。

申　立　て　の　理　由
1　申立人は、被相続人の長男です。
2　被相続人は令和○○年○○月○○日死亡し、同日、申立人は、相続が開始したことを知りました。
3　申立人は、被相続人の相続財産を調査していますが、被相続人は、財産がほとんどなく、債務も相当額あるようです。
4　そのため、法定期間内に、相続を承認するか放棄するかの判断をすることが困難な状況にあります。
5　よって、この期間を○か月伸長していただきたく、申立ての趣旨のとおりの審判を求めます。

別表第一（2/2）

（東京家庭裁判所ウェブサイト掲載の書式をもとに執筆者が独自に作成）

第9章　相続税　253

Case40　相続税の申告をしたい

　先日、父が死亡しました。それに伴い、相続税の申告をする必要があります。どういった手続を行えばよいか教えてください。

◆チェック

□　相続税申告までの対応事項について内容や時期を計画しているか
□　法定相続人は確定しているか
□　遺言書は存在しているか
□　遺産分割協議は調っているか
□　「相続税」に詳しい税理士に相談したか

解　説

1　相続税申告までの対応事項について内容や時期を計画しているか

POINT

　相続税申告は相続開始から10か月以内に行う必要があります。書類の収集や作成、相続人間の遺産分割協議等には多くの時間を要します。相続税申告までに実施すべきタスクやスケジュールを計画しておく必要があります。

　相続は、死亡によって開始します（民882）。相続税の申告は、被相続人が死亡したことを知った日の翌日から10か月以内に行うことになっています（相税27①）。

　相続税申告をする前提として、被相続人の生前の財産調査、財産目録を作成するための資料や情報の収集や、財産目録の作成、遺産分割協議、相続税申告書及び添付書類の作成が必要です。そして、遺産分割協議の内容によって納税すべき相続税額に影響することから、分割案の作成や相続税のシミュレーションを繰り返し行うことになり、多くの時間がかかります。

　相続開始の前の被相続人が親族にした贈与は、死亡した日には被相続人の所有名義ではなく受贈者名義の財産となります。しかしながら、相続開始前3年以内に贈与した財産は被相続人の相続財産とみなして相続税申告をすることが求められています（相税19①）。そのため、被相続人の生前の預貯金に日常的な出納を超える入出金があ

る場合には、内容を把握しておくことが相続税申告後の追徴課税等を回避する上で不可欠です。

相続税申告期限までに対応しておくべき項目が多いことから、相続税申告までに実施すべきタスクやスケジュールを綿密に計画しておくことが必要です。

2　法定相続人は確定しているか

POINT

法定相続人確定のために戸籍全部事項証明書（戸籍謄本）等を取得する必要があります。相続人確定書類は、被相続人名義の財産を相続人名義に変更する際にも必要になります。

法定相続人を確定するためには、被相続人の戸籍や原戸籍を出生まで遡って調査します。子が結婚等で分籍している場合には分籍している法定相続人について、現在までの戸籍を取得します。

転籍や分籍等があると複数の役場に戸籍全部事項証明書（戸籍謄本）交付を請求する必要がありますが、調査開始時に全ての請求先が判明しているとは限りません。取得した戸籍から次の請求先が分かるということも多いので、法定相続人の確定には時間がかかります。

戸籍の附票に住所履歴が記録されているため、戸籍の附票を取得することで住所を把握することができます。

相続人確定書類は、被相続人名義の預貯金の相続人による引き出しや名義変更、被相続人名義の不動産を相続人名義に変更する相続登記手続等でも使用します。そのため、相続人確定書類は、相続手続を取り扱う各種窓口に何度も出し直す必要があります。このような煩雑な相続手続を簡易にするため、法務局に戸籍全部事項証明書（戸籍謄本）等の相続人確定書類一式を提出し、併せて法定相続情報一覧図を提出し、登記官に法定相続情報一覧図に認証文を付してもらう法定相続情報証明制度があります。法定相続情報証明制度を活用することで、相続人確定書類一式を何度も提出し直すといった煩雑な手続を簡易化することができます。

3　遺言書は存在しているか

POINT

被相続人の遺言書（公正証書遺言を除きます。）が存在している場合、相続人は遺言者の死亡を知った後、遅滞なく遺言書を家庭裁判所に提出して検認を受ける

第9章　相続税　　255

必要があります。遺言書が存在しない場合には、被相続人の相続財産を相続人間でどのように分割するかを協議して決める必要があります。

被相続人の自筆による証書遺言（公正証書遺言を除きます。）が存在している場合、当該遺言書を相続人が開封するのではなく、家庭裁判所に提出して検認を受ける必要があります（民1004①②）。

遺言の内容や存在について相続人間で紛争が生じてしまうと、相続税申告期限までに必要な手続を進めることができない、相続開始後長期間にわたって相続財産が誰に帰属するか定まらないといった大事になってしまう懸念があります。

遺言を保管していたり、遺言を発見したりした場合には、適正な手続をとって相続人間で紛争が生じないようにすることが不可欠です。弁護士、司法書士、税理士といった専門職に早い段階で相談しておくことを強くお勧めします。

4　遺産分割協議は調っているか

POINT

　配偶者税額軽減、小規模宅地等特例、農地の相続税納税猶予特例等のように、遺産分割協議が完了していることが相続税の申告・納税額を確定する上で重要な前提となっている項目があります。

遺産分割協議が完了しない場合であっても、相続税の申告・納税期限を順守する必要があります。申告・納税期限までに遺産分割協議が完了しない場合には、未分割遺産を法定相続分に応じて取得したものとして相続税額を算出し、申告・納税をすることになります。

配偶者税額軽減、小規模宅地等特例、農地の相続税納税猶予特例等のように遺産分割協議が完了していることが要件となっている項目があります。

申告期限までに遺産分割協議が完了しない場合には、「申告期限後3年以内の分割見込書」を作成し提出します。3年以内に遺産分割協議が完了した場合には、遺産分割協議完了後4か月以内に更正の請求をすれば配偶者税額軽減や小規模宅地等特例といった税法上の特例を受けることができます。3年以内に遺産分割協議が完了しない場合には、「遺産が未分割であることについてやむを得ない事由がある旨の承認申請書」を提出します。

なお、申告期限までに遺産分割協議が完了していない場合、農地の相続における納税猶予制度の適用を受けることはできないため留意が必要です。

5 「相続税」に詳しい税理士に相談したか

POINT

平成29事務年度における国税庁の相続税実地調査件数の80％以上で相続税申告漏れ等の非違が発見され、実地調査1件当たり約623万円の追徴課税がされている状況にあります。「相続税」に詳しい税理士へ相談することが重要です。

農家の相続税申告に際しては、農地の評価や納税猶予制度の検討といった相続税分野の中でも特殊な専門的知見が不可欠です。

また、農協関係者の提案で保険を活用しているケースも多く、受け取った保険金の処理だけではなく、相続税申告に際して保険契約に関する権利についての取扱いにも留意が必要です。

遺産分割協議の内容によっても納税額が変動することもあり、早い段階で税理士へ相談しておくことが重要です。

＜平成29事務年度における相続税の調査の状況について（平成30年12月国税庁）＞

	項　　　目		平成28事務年度	平成29事務年度	対前事務年度比
①	実地調査件数		12,116件	12,576件	103.8％
②	申告漏れ等の非違件数		9,930件	10,521件	106.0％
③	非違割合（②/①）		82.0％	83.7％	1.7ポイント
④	重加算税賦課件数		1,300件	1,504件	115.7％
⑤	重加算税賦課割合（④/②）		13.1％	14.3％	1.2ポイント
⑥	申告漏れ課税価格		3,295億円	3,523億円	106.9％
⑦	⑥のうち重加算税賦課対象		540億円	576億円	106.7％
⑧	追徴税額	本税	616億円	676億円	109.7％
⑨		加算税	101億円	107億円	106.7％
⑩		合計	716億円	783億円	109.3％
⑪	実地調査1件当たり	申告漏れ課税価格（⑥/①）	2,720万円	2,801万円	103.0％
⑫		追徴税額（⑩/①）	591万円	623万円	105.3％

（国税庁ウェブサイトをもとに作成）

第 10 章

所得税

258

第10章　所得税　259

Case41　新規就農したので開業時の税務上の諸手続を知りたい

　脱サラして農業を始めることにし、新規に農地を借りることができました。新規就農時に必要な税務上の手続について教えてください。

◆チェック

□　個人事業の開業届出書を提出したか
□　所得税の青色申告承認申請書を提出したか
□　給与支払事務所等の開設届出書を提出したか
□　親族に給与を支払う場合、青色事業専従者給与に関する手続をしたか
□　納税地を確認したか

解　説

1　個人事業の開業届出書を提出したか

POINT

　就農者は農業という事業に従事する個人事業主となります。新規に事業を始めた場合、事業開始日から1か月以内に個人事業の開業届出書を税務署へ提出することになっています（所税229）。

　新規就農した場合、新規就農者は、新規に事業（農業）を開始することになります。
　そのため、事業開始日から1か月以内に個人事業の開業届出書を作成し、納税地の所轄税務署長へ提出する必要があります（所税229）。
　個人事業の開業届出書では、屋号を記載する欄があります。農園の名称等を決めている場合にはここに記載します。なお、屋号が決まっていない場合等には個人事業の開業届出書の屋号の欄は空欄にしておいて問題ありません。
　開業に伴って、青色申告承認申請書、消費税に関する課税事業者選択届出書、給与支払事業所等の開設届出書、源泉所得税の納期の特例の承認に関する申請書等を提出する場合には、関連情報を開業届出書に記載します。

2 所得税の青色申告承認申請書を提出したか

POINT

青色申告書による申告をしようとする場合、青色申告をしようとする年の3月15日までに提出する必要があります。ただし、その年の1月16日以後に新規に事業を始めた個人事業主が最初の事業年度で青色申告をする場合、事業開始日から2か月以内に青色申告承認申請書を納税地の所轄税務署長へ提出する必要があります（所税144）。

青色申告によって、65万円の特別控除を受けることができたり、赤字の場合に損失を3年間繰り越し将来の黒字から控除することができたり、生計を同一にする配偶者や親族が農業を手伝い給与を経費計上することが認められるようになったり、税務上のメリットを受けることができます。なお、2020年分の所得税申告からは、電子申告によらない青色申告では青色申告特別控除の額が55万円に減額してしまうので、電子申告の準備をしておくとよいかもしれません。

そのため、新規に農業を開始した場合、個人事業の開業届出書と同時に青色申告承認申請書を提出しておくことを強くお勧めします。

青色申告承認申請書を提出しても提出者に対して承認の通知はありません。青色申告承認申請書を提出した場合、その年の12月31日までにその承認につき承認又は却下の処分がなかったときには、承認があったものとみなす、いわゆるみなし承認により承認されるのが通常です（所税147）。そのため、青色申告承認申請書を提出したのに何らの通知が来ないという場合であっても問題ありません。

なお、提出期限が土・日曜日・祝日等に当たる場合は、これらの日の翌日が期限となります。

3 給与支払事務所等の開設届出書を提出したか

POINT

給与支払事務を取り扱う事業所を開設した場合、開設から1か月以内に給与支払事務所等の開設届出書を、給与支払事務所所在地の所轄税務署へ提出する必要があります（所税230）。

給与を支払う場合、給与を受け取る給与所得者の扶養人数や給与の額に応じて源泉所得税を徴収して給与支払額を算出することになります。給与から徴収した源泉所得税は、原則として徴収した日の翌月10日を納期限として納税することになります。

第10章 所得税 261

　このように給与支払事務を取り扱う事業所を開設すると、源泉所得税の納付といった納税事務が発生することから、給与支払事務を取り扱う事業所を開設した場合、開設から1か月以内に給与支払事務所等の開設届出書を、給与支払事務所所在地の所轄税務署へ提出することが要求されています（所税230）。

　源泉所得税の納付は原則として毎月必要なため事務処理が煩雑となり負担になりますが、給与支給人員が常時10人未満である場合、給与等について源泉徴収した所得税について上期・下期の年2回にまとめて納付する特例制度によることができます（所税216）。

　源泉所得税の納期の特例制度による場合、源泉所得税の納期の特例の承認に関する申請書を給与支払事務所所在地の所轄税務署へ提出します（所税217）。

4　親族に給与を支払う場合、青色事業専従者給与に関する手続をしたか

POINT

　生計を一にする配偶者その他親族に支払った給与を必要経費とする場合、青色事業専従者給与の特例を受けるため、青色事業専従者給与に関する届出書を必要経費に算入しようとする年の3月15日まで（その年の1月16日以後に開業した場合等は、開業日から2か月以内）に納税地の所轄税務署長へ提出する必要があります（所税57）。

　生計を一にする配偶者その他親族（以下「同一生計親族」といいます。）が農業の手伝いをしている場合、農業者は、手伝ってくれた同一生計親族に給与を支払うことがあります。同一生計親族に対し支払った給与は原則として必要経費にならない点に留意が必要です。

　同一生計親族に対し実際に支払った給与の額を必要経費とする場合、青色申告者であることが前提となります。白色申告者の場合、事業専従者控除によって、配偶者であれば86万円／年、配偶者以外の親族では一人につき50万円／年を上限として必要経費にできますが、実際に支払った給与の額全額を必要経費とすることはできません。

　同一生計親族に対し支払った給与の額を必要経費とする場合、青色事業専従者給与に関する届出書を納税地の所轄税務署長へ提出する必要があります。届出書では、専従者の氏名、続柄、年齢、経験年数、仕事の内容や従事の程度、資格等、給料額、賞与額、昇給基準等を記載することになります。青色事業専従者給与の額は、労務の対価として相当性が認められる金額である必要があり、過大な給与額を支払うと相当額超過部分は必要経費とならなくなります。

5 納税地を確認したか

POINT

　原則として国内住所地が納税地となります（所税15一）。国内に住所を有しない者は、国内居所地が納税地となります（所税15二）。国内に住所及び居所がなく事務所地がある者は事務所所在地が納税地となります（所税15三）。

　住所地を管轄する税務署と、事務所所在地を管轄する税務署が異なる場合、納税地を誤解しないように留意する必要があります。個人事業の開業届出書や青色申告承認申請書は納税地の所轄税務署長へ提出することになりますが、納税地を誤ると提出期限までに必要書類を提出できないことになりかねません。

　農業関係者のほとんどは国内に住所を有するはずですので、原則として住所地が納税地と考えて問題ありません。

　例外的に住所地に代えて居所地を納税地とする場合や事務所所在地を納税地とする場合、納税地の変更に関する届出書を変更前の納税地を管轄する税務署長へ提出する必要があります（所税16）。

第10章　所得税　　　　　　　　　　　　263

【参考書式】
○個人事業の開業・廃業等届出書

税務署受付印　　　　　　　　　　　　　　　　　　　　　　　　　　　1　0　4　0

個人事業の開業・廃業等届出書

納　税　地	○住所地・○居所地・○事業所等(該当するものを選択してください。) (〒　　　　　) 　　　　　　　　　　　　　　　　　　(TEL　　－　　－　　　)

＿＿＿＿＿＿＿　税務署長

＿＿＿年＿＿月＿＿日提出

上記以外の 住　所　地・ 事　業　所　等	納税地以外に住所地・事業所等がある場合は記載します。 (〒　　　　　) 　　　　　　　　　　　　　　　　　　(TEL　　－　　－　　　)
フ　リ　ガ　ナ 氏　　　名　　㊞	生年月日　○大正 ○昭和　年　月　日生 ○平成
個　人　番　号	
職　　　業	フリガナ 屋　号

個人事業の開廃業等について次のとおり届けます。

届出の区分 〔該当する文字を○で囲んでください。〕	開業（事業の引継ぎを受けた場合は、受けた先の住所・氏名を記載します。） 　住所＿＿＿＿＿＿＿＿＿＿＿＿＿＿＿＿＿＿＿＿＿　氏名＿＿＿＿＿＿＿＿ 事務所・事業所の（○新設・○増設・○移転・○廃止） 廃業（事由） 　（事業の引継ぎ（譲渡）による場合は、引き継いだ（譲渡した）先の住所・氏名を記載します。） 　住所＿＿＿＿＿＿＿＿＿＿＿＿＿＿＿＿＿＿＿＿＿　氏名＿＿＿＿＿＿＿＿
所得の種類	○不動産所得・○山林所得・○事業（農業）所得〔廃業の場合……○全部・○一部（　　　　　　）〕
開業・廃業等日	開業や廃業、事務所・事業所の新増設等のあった日　平成　　年　　月　　日
事業所等を 新増設、移転、 廃止した場合	新増設、移転後の所在地　　　　　　　　　　　　（電話） 移転・廃止前の所在地
廃業の事由が法 人の設立に伴う ものである場合	設立法人名　　　　　　　　　　　　代表者名 法人納税地　　　　　　　　　　　　　　　設立登記　平成　　年　　月　　日
開業・廃業に伴 う届出書の提出 の有無	「青色申告承認申請書」又は「青色申告の取りやめ届出書」　　○有・○無 消費税に関する「課税事業者選択届出書」又は「事業廃止届出書」　　○有・○無
事業の概要 〔できるだけ具体 的に記載します。〕	

給与等の支払の状況	区　分	従事員数	給与の定め方	税額の有無	その他参考事項
	専従者	人		○有・○無	
	使用人			○有・○無	
				○有・○無	
	計				
源泉所得税の納期の特例の承認に関する申請書の提出の有無		○有・○無	給与支払を開始する年月日	平成　年　月　日	

関与税理士 (TEL　　－　　－　　　)		税務署整理欄	整理番号	関係部門連絡	A	B	C	番号確認	身元確認
									□ 済 □ 未済
			源泉用紙交付	通信日付印の年月日	確認印	確認書類 個人番号カード／通知カード・運転免許証 その他（　　　　）			
				年　月　日					

（国税庁ウェブサイト）

264　　第10章　所得税

○所得税の青色申告承認申請書

```
税務署受付印                                                    1 0 9 0
    ○                所得税の青色申告承認申請書
```

＿＿＿＿＿＿＿＿＿ 税務署長 ＿＿年＿＿月＿＿日提出	納税地：○住所地・○居所地・○事業所等（該当するものを選択してください。） （〒　　－　　　） （TEL　　－　　－　　） 上記以外の住所地・事業所等：納税地以外に住所地・事業所等がある場合は記載します。 （〒　　－　　　） （TEL　　－　　－　　） フリガナ 氏　名　　　　　　　　　㊞　　生年月日 ○大正 ○昭和 ○平成 年 月 日生 職　業　　　　　　　フリガナ 　　　　　　　　　　屋　号

平成＿＿＿年分以後の所得税の申告は、青色申告書によりたいので申請します。

1　事業所又は所得の基因となる資産の名称及びその所在地（事業所又は資産の異なるごとに記載します。）

名称＿＿＿＿＿＿＿＿＿＿＿＿　所在地＿＿＿＿＿＿＿＿＿＿＿＿＿＿＿＿＿＿＿＿＿

名称＿＿＿＿＿＿＿＿＿＿＿＿　所在地＿＿＿＿＿＿＿＿＿＿＿＿＿＿＿＿＿＿＿＿＿

2　所得の種類（該当する事項を選択してください。）

○事業所得　・○不動産所得　・○山林所得

3　いままでに青色申告承認の取消しを受けたこと又は取りやめをしたことの有無

(1)　○有（○取消し・○取りやめ）　＿＿年＿＿月＿＿日　(2)　○無

4　本年1月16日以後新たに業務を開始した場合、その開始した年月日　＿＿＿年＿＿月＿＿日

5　相続による事業承継の有無

(1)　○有　相続開始年月日　＿＿＿年＿＿月＿＿日　被相続人の氏名＿＿＿＿＿＿＿＿＿＿　(2)　○無

6　その他参考事項

(1)　簿記方式（青色申告のための簿記の方法のうち、該当するものを選択してください。）

○複式簿記・○簡易簿記・○その他（　　　　　　　　　　）

(2)　備付帳簿名（青色申告のため備付ける帳簿名を選択してください。）

○現金出納帳・○売掛帳・○買掛帳・○経費帳・○固定資産台帳・○預金出納帳・○手形記入帳
○債権債務記入帳・○総勘定元帳・○仕訳帳・○入金伝票・○出金伝票・○振替伝票・○現金式簡易帳簿・○その他

(3)　その他

関与税理士 （TEL　　－　　－　　）	税務署整理欄	整理番号 0　｜｜｜｜｜	関係部門連絡	A	B	C	
		通信日付印の年月日 　年　月　日	確認印				

（国税庁ウェブサイト）

第10章　所得税　265

○給与支払事務所等の開設・移転・廃止届出書

※整理番号　　　　　　　　

給与支払事務所等の開設・移転・廃止届出書

税務署受付印

	事務所開設者	住所又は本店所在地	〒　　　電話（　　　）　　　－
		（フリガナ）	
		氏名又は名称	
平成　年　月　日		個人番号又は法人番号	↓個人番号の記載に当たっては、左端を空欄とし、ここから記載してください。
税務署長殿		（フリガナ）	
所得税法第230条の規定により次のとおり届け出ます。		代表者氏名	㊞

(注)　「住所又は本店所在地」欄については、個人の方については申告所得税の納税地、法人については本店所在地（外国法人の場合には国外の本店所在地）を記載してください。

開設・移転・廃止年月日	平成　年　月　日	給与支払を開始する年月日	平成　年　月　日

○届出の内容及び理由
（該当する事項のチェック欄□に✔印を付してください。）

「給与支払事務所等について」欄の記載事項

		開設・異動前	異動後
開設	□ 開業又は法人の設立 □ 上記以外 ※本店所在地等とは別の所在地に支店等を開設した場合	開設した支店等の所在地	
移転	□ 所在地の移転	移転前の所在地	移転後の所在地
	□ 既存の給与支払事務所等への引継ぎ （理由）□ 法人の合併　□ 法人の分割　□ 支店等の閉鎖 　　　　□ その他 　　　　（　　　　　　　　　　　　）	引継ぎをする前の給与支払事務所等	引継先の給与支払事務所等
廃止	□ 廃業又は清算結了　□ 休業		
その他（　　　　　　　　　　　）		異動前の事項	異動後の事項

○給与支払事務所等について

	開設・異動前	異動後
（フリガナ） 氏名又は名称		
住所又は所在地	〒 電話（　　　）　　　－	〒 電話（　　　）　　　－
（フリガナ） 責任者氏名		

従事員数	役員　　人	従業員　　人	（　　）　人	（　　）　人	（　　）　人	計　　人

（その他参考事項）

税理士署名押印		㊞

※税務署処理欄	部門	決算期	業種番号	入力	名簿等	用紙交付	通信日付印	年月日	確認印
	番号確認	身元確認 □ 済 □ 未済	確認書類 個人番号カード／通知カード・運転免許証 その他（　　　）						

（規格A4）

29.04 改正

（国税庁ウェブサイト）

266　　　　　　　　第10章　所得税

○青色事業専従者給与に関する届出（変更届出）書

税務署受付印	青色事業専従者給与に関する ○届　　　出　書 ○変更届出	1 1 2 0

納　税　地	○住所地・○居所地・○事業所等（該当するものを選択してください。） （〒　　－　　） （TEL　　－　　－　　）
上記以外の 住所地・ 事業所等	納税地以外に住所地・事業所等がある場合は記載します。 （〒　　－　　） （TEL　　－　　－　　）

_____税務署長

_____年_____月_____日提出

フ　リ　ガ　ナ		生年月日	○大正 ○昭和　年　月　日生 ○平成
氏　　　名	㊞		
職　　　業	フリガナ 屋　号		

　平成___年___月以後の青色事業専従者給与の支給に関しては次のとおり　○定　　め　　た　○変更することとした　ので届けます。

1　青色事業専従者給与（裏面の書き方をお読みください。）

	専従者の氏名	続柄	年齢 経験 年数	仕事の内容・ 従事の程度	資格等	給　　　料		賞　　　与		昇　給　の　基　準
						支給期	金額（月額）	支給期	支給の基準（金額）	
1			歳 年				円			
2										
3										

2　その他参考事項（他の職業の併有等）　　3　変更理由（変更届出書を提出する場合、その理由を具体的に記載します。）

4　使用人の給与（この欄は、この届出（変更）書の提出日の現況で記載します。）

	使用人の氏名	性別	年齢 経験 年数	仕事の内容・ 従事の程度	資格等	給　　　料		賞　　　与		昇　給　の　基　準
						支給期	金額（月額）	支給期	支給の基準（金額）	
1			歳 年				円			
2										
3										
4										

※　別に給与規程を定めているときは、その写しを添付してください。

関与税理士 （TEL　　－　　－　　）	税務署整理欄	整理番号 0	関係部門連絡	A	B	C
		通信日付印の年月日　確認印 　　年　　月　　日				

（国税庁ウェブサイト）

第10章　所得税　　267

Case42　農業経営で赤字になったので損失申告したい

　天候不順等の要因により収穫量が激減し赤字になってしまいました。損失の繰越しや、損失金額の繰戻しにより前年所得税の還付請求をする方法を教えてください。

◆チェック

□　農業所得の赤字よりも大きな他の所得はないか
□　所得税の青色申告の承認を受けているか
□　純損失を繰り越すために確定申告書第四表を作成しているか
□　確定申告書提出期限後でも損失申告は可能
□　純損失の繰戻還付を請求するか

解　説

1　農業所得の赤字よりも大きな他の所得はないか

POINT

　農業所得（事業所得）に損失が生じた場合、他の黒字になっている所得金額から当該損失を控除する損益通算をすることで、申告年の所得金額を小さく抑えることが可能です。

　不動産所得、事業所得、譲渡所得、山林所得に生じた損失については、総所得金額や退職所得金額等を計算する際に他の各種所得から損失額を控除する損益通算が可能です。農業所得は、事業所得の一種であり、農業所得に赤字が生じた場合には、損益通算により他の所得（黒字）から控除することでその年の所得を小さく抑えることが可能になります。

　例えば、農業所得が赤字の場合、収益不動産から生じる不動産所得や、年金等を受けることにより生じる雑所得や、他の事業者等から受ける給与から生じる給与所得等と通算することが可能です。年金や給与で源泉所得税が控除されている場合には、農業所得を通算することで所得税の還付を受けることも可能です。

268 第10章 所得税

　農業所得から生じた損失は、総合課税の所得と通算することはできますが、申告分離課税となっている上場株式等の譲渡所得等とは通算することができません。上場株式等の配当金は、総合課税を選択することで事業所得と通算することが可能であり、総合課税を選択することで税務上有利な申告となる場合があります。

　3に後述する純損失の繰越しは、損益通算を行ってもなお控除しきれない損失がある場合に当該損失を繰り越す手続であり、農業所得に赤字が生じた際にはまず損益通算を検討することになります。

2　所得税の青色申告の承認を受けているか

> **POINT**
>
> 　純損失の繰越しや繰戻還付手続をするためには、青色申告書を提出している必要があります。

　純損失の繰越しや繰戻還付手続をするためには、青色申告書を提出している必要があります。そのため、所得税の青色申告承認申請書を提出しているか、その年や前年に青色申告書を提出しているかを確認しておく必要があります。

　所得税の青色申告承認申請書の提出や青色申告についての詳細は、Case41をご参照ください。

　なお、白色申告においても、変動所得や被災事業用資金の損失に限っては、損失を繰り越すことが認められています。

3　純損失を繰り越すために確定申告書第四表を作成しているか

> **POINT**
>
> 　純損失の繰越控除の適用を受けたり、純損失の繰戻しによる還付を受けたりするためには、確定申告書第四表を作成し損失申告しておくことが必要です。

　純損失の繰越控除の適用を受けたり、純損失の繰戻しによる還付を受けたりするためには、確定申告書第四表を作成し損失申告します（所税123）。

　損失申告をする際には、確定申告書Ｂ様式を利用し、第一表の種類の欄にある「損失」に○印をつけ、確定申告書第四表を作成します。

　確定申告書第四表には、①損失額又は所得金額、②損益の通算、③翌年以後に繰り越す損失額、④繰越損失を差し引く計算等を記載します。

　翌年に所得が生じた場合には、当年の繰越損失を翌年に生じた所得から控除するた

めに、翌年も確定申告書第四表を作成し提出します。翌年に所得が生じなかった場合でも、3年間は損失を繰り越すことが可能なため、繰越可能な期間にわたって確定申告書第四表を作成し提出します。

4 確定申告書提出期限後でも損失申告は可能

POINT

純損失の繰越控除について、損失が生じた年分の確定申告書を提出期限内に提出していることは要件となっていません。確定申告書を提出し、かつ、その後において連続して確定申告書を提出している場合については純損失の繰越控除を受けることができます。

平成23年の所得税法改正以前は、純損失の繰越控除について、純損失が生じた年分の確定申告書を提出期限内に提出していることが要件とされていました。

平成23年の所得税法改正により、確定申告書を提出し、かつ、その後において連続して確定申告書を提出している場合について適用を受けることができることとされました（所税70④）。

確定申告書提出期限内に確定申告書の提出ができなかった場合であっても、損失申告をしておくことで純損失の繰越控除が可能となります。したがって、純損失が生じた場合には確定申告期限後であっても損失申告しておくことをお勧めします。

なお、5に後述する純損失の繰戻しによる還付請求は、青色申告書を提出期限までに提出している必要があります（所税140④）。

5 純損失の繰戻還付を請求するか

POINT

前年が黒字で所得金額がある場合において、前年の所得金額から本年の純損失を控除して税額を再計算すると前年の申告納税額よりも小さくなるのであれば、純損失金額の繰戻還付請求手続をすることで、前年分の所得税の還付を受けることができます。

青色申告書を提出する居住者は、その年において生じた純損失金額がある場合には、前年も青色申告しているのであれば「純損失の金額の繰戻しによる所得税の還付請求書」を純損失が生じた年分の確定申告書と共に提出期限内に提出することで所得税の還付を請求することができます（所税140①④）。

純損失の繰戻還付の手続は、基本的には前年の所得税から還付を受ける手続ですが、事業の全部の譲渡又は廃止等をした場合においてその前年に純損失があるときは、その純損失金額を前々年分の所得金額から控除した税額を基礎に還付請求することも可能です（所税140⑤）。

　純損失の繰戻還付の手続は、所得税に関する手続です。住民税では、純損失の繰戻還付制度はありません。そのため、所得税で純損失の繰戻還付を受けたからといって純損失の繰越しに関する手続をしないとすると住民税の面で不利な取扱いになってしまいます。所得税で純損失の繰戻還付を受けた場合であっても、住民税で純損失の繰越控除を受けるための申告をしておくことに留意します。

第10章　所得税　271

【参考書式】
○確定申告書（第四表）

平成 ☐☐ 年分の 所得税及び復興特別所得税 の 申告書（損失申告用）　FA0054

第四表(一)（平成二十八年分以降用）

住所又は事業所事務所居所など		フリガナ 氏名	
		整理番号 ☐☐☐☐☐☐☐ 一連番号	

1 損失額又は所得金額

A	経常所得　（申告書B第一表の①から⑦までの合計額）						⑤⑨	円

	所得の種類	区分等	所得の生ずる場所	Ⓐ収入金額	Ⓑ必要経費等	Ⓒ差引金額（Ⓐ－Ⓑ）	Ⓓ特別控除額	Ⓔ損失額又は所得金額
B	短期 分離譲渡			円	円	㋞ 円		⑥⓪ 円
	短期 総合譲渡					㋠	円	⑥①
	長期 分離譲渡			円	円	㋦		⑥②
	長期 総合譲渡					㋨	円	⑥③
	一　時							⑥④
C	山　林			円				⑥⑤
D	退　職				円	円		⑥⑥
E	一般株式等の譲渡							⑥⑦
	上場株式等の譲渡							⑥⑧
	上場株式等の配当等				円	円		⑥⑨
F	先物取引							⑦⓪
						特例適用条文		

2 損益の通算

	所得の種類		Ⓐ通算前	Ⓑ第1次通算後	Ⓒ第2次通算後	Ⓓ第3次通算後	Ⓔ損失額又は所得金額
A	経常所得	⑤⑨ 円		円	円	円	円
B	短期 総合譲渡	⑥①	第		第	第	
	長期 分離譲渡（特定損失額）	⑥② △	1次通算		2次通算	3次通算	
	長期 総合譲渡	⑥③					
	一　時	⑥④					
C	山　林	――――→⑥⑤					㋼
D	退　職	――――→⑥⑥					
	損失額又は所得金額の合計額					⑦①	

資産		整理欄	

272　第10章　所得税

平成 ☐☐ 年分の 所得税及び/復興特別所得税 の　申告書（損失申告用）　FA0059

整理番号 ☐☐☐☐☐☐☐☐　一連番号

第四表（二）（平成二十八年分以降用）

3 翌年以後に繰り越す損失額

青 色 申 告 者 の 損 失 の 金 額	⑦	円
居 住 用 財 産 に 係 る 通 算 後 譲 渡 損 失 の 金 額	⑦	
変 動 所 得 の 損 失 額	⑦	

被災事業用資産の損失額	所得の種類	被災事業用資産の種類など	損害の原因	損害年月日	Ⓐ 損害金額	Ⓑ 保険金などで補填される金額	Ⓒ 差引損失額 (Ⓐ−Ⓑ)
山林以外	営業等・農業			・ ・	円		⑦ 円
	不 動 産			・ ・			⑦
山 林				・ ・			⑦

山 林 所 得 に 係 る 被 災 事 業 用 資 産 の 損 失 額	⑦	円
山 林 以 外 の 所 得 に 係 る 被 災 事 業 用 資 産 の 損 失 額	⑦	

4 繰越損失を差し引く計算

年分	損　失　の　種　類			Ⓐ前年分までに引ききれなかった損失額	Ⓑ本年分で差し引く損失額	Ⓒ翌年分以後に繰り越して差し引かれる損失額(Ⓐ−Ⓑ)
A ＿＿年 (3年前)	純損失	＿＿年が青色の場合	山林以外の所得の損失	円	円	
			山林所得の損失			
		＿＿年が白色の場合	変動所得の損失			
			被災事業用資産の損失 山林以外			
			被災事業用資産の損失 山 林			
		居住用財産に係る通算後譲渡損失の金額				
	雑　　損　　失					
B ＿＿年 (2年前)	純損失	＿＿年が青色の場合	山林以外の所得の損失			円
			山林所得の損失			
		＿＿年が白色の場合	変動所得の損失			
			被災事業用資産の損失 山林以外			
			被災事業用資産の損失 山 林			
		居住用財産に係る通算後譲渡損失の金額				
	雑　　損　　失					
C ＿＿年 (前年)	純損失	＿＿年が青色の場合	山林以外の所得の損失			
			山林所得の損失			
		＿＿年が白色の場合	変動所得の損失			
			被災事業用資産の損失 山林以外			
			被災事業用資産の損失 山 林			
		居住用財産に係る通算後譲渡損失の金額				
	雑　　損　　失					

本年分の一般株式等及び上場株式等に係る譲渡所得等から差し引く損失額	⑧	円
本年分の上場株式等に係る配当所得等から差し引く損失額	⑧	
本年分の先物取引に係る雑所得等から差し引く損失額	⑧	

雑損控除、医療費控除及び寄附金控除の計算で使用する所得金額の合計額	⑧	円

5 翌年以後に繰り越される本年分の雑損失の金額	⑧	円
6 翌年以後に繰り越される株式等に係る譲渡損失の金額	⑧	円
7 翌年以後に繰り越される先物取引に係る損失の金額	⑧	円

○第四表は、申告書Ｂの第一表・第二表と一緒に提出してください。

資産	整理欄

（国税庁ウェブサイト）

第10章　所得税　　273

○純損失の金額の繰戻しによる所得税の還付請求書

純損失の金額の繰戻しによる所得税の還付請求書

税務署受付印

住所（又は事業所・事務所・居所など）（〒　　－　　）		職業	
フリガナ　氏名　　　　　　　　　　　㊞		電話番号	
個人番号			

_____税務署長

____年____月____日提出

純損失の金額の繰戻しによる所得税の還付について次のとおり請求します。

| 還付請求金額（下の還付請求金額の計算書の㉒の金額） | 円 |

| 純損失の金額の生じた年分 | 年分 | 還付の請求が、事業の廃止、相当期間の休止、事業の全部又は重要部分の譲渡、相続によるものである場合は右の欄に記入してください。 | 請求の事由（該当する文字を○で囲んでください。） | 左の事実の生じた年月日 | この純損失の金額について、既に繰戻しによる還付を受けた事実の有無 |
| 純損失の金額を繰り戻す年分（純損失の金額の生じた年の前年分を書きます。） | 年分 | | 事業の　廃止・休止・譲渡　相続 | 休止期間 | 有・無 |

還付請求金額の計算書（書き方は裏面に説明してあります。）

○申告書と一緒に提出してください。

税理士署名押印（電話番号）

				金　額					金　額
平成　年分の純損失の金額	A 純損失の金額	総所得	変動所得	①	円	Bに繰り戻す純損失の金額	総所得	変動所得	④	円
			その他	②				その他	⑤	
		山林所得		③			山林所得		⑥	
純損失の金額の繰戻しによる所得税の還付金額の計算	C 課税される所得金額 前年分	総所得		⑦		E 繰戻し控除後の課税される所得金額	総所得		⑮	千円未満の端数は切り捨ててください。
		山林所得		⑧			山林所得		⑯	
		退職所得		⑨			退職所得		⑰	
	D Cに対する税額 前年分の税額	⑦に対する税額		⑩		F Eに対する税額	⑮に対する税額		⑱	
		⑧に対する税額		⑪			⑯に対する税額		⑲	
		⑨に対する税額		⑫			⑰に対する税額		⑳	
		計（100円未満の端数は切り捨ててください。）		⑬			計（100円未満の端数は切り捨ててください。）		㉑	
	源泉徴収税額を差し引く前の所得税額			⑭		純損失の金額の繰戻しによる還付金額（⑬－㉑と⑭のいずれか少ない方の金額）			㉒	

| 還付される税金の受取場所 | （銀行等の預金口座に振込みを希望する場合）銀行・金庫・組合・農協・漁協　　本店・支店　出張所　本所・支所　　預金　口座番号_____ | （ゆうちょ銀行の口座に振込みを希望する場合）貯金口座の記号番号　　－_____（郵便局等の窓口受取りを希望する場合） |

㊞

税務署整理欄	通信日付印の年月日　年　月　日	確認印	整理番号　0		一連番号
	番号確認　身元確認　□済　□未済	確認書類　個人番号カード／通知カード・運転免許証　その他（　　　）			

（国税庁ウェブサイト）

第 11 章

その他

276

第11章 その他 277

Case43 農業経営基盤強化促進法の農用地利用集積計画で農
地の所有権の移転をしたが、税制の控除を受けたい

　農業経営基盤強化促進法の農用地利用集積計画で農地の所有権を移転しまし
た。この場合、売主及び地域の農業の担い手となる買主の両者共に税制の控除
が受けられるとのことですが、どのような控除が受けられるのでしょうか。ま
た要件や手続について教えてください。

◆チェック

□　所有権を移転した農地は農業振興地域の農用地区域にあるか
□　所有権を取得した者は、当該農業委員会が定めた農地移動適正化あっせん基準等を満たしているか
□　控除の申告には市町村長による証明の添付が必要

解　説

1　所有権を移転した農地は農業振興地域の農用地区域にあるか

POINT

　所有権を移転した農地が農業振興地域の農用地区域にある場合、税制の控除が
受けられます。

　売買した農地が農業振興地域の農用地区域にある場合、農地の売主が譲渡所得税の
800万円の控除を受けることができます（租特34の3①二）。
　また、農地の所有権を取得した者においては、同要件を満たすことにより、不動産
取得税の3分の1相当額の控除等を受けることができます（地方税法附則11）。

2　所有権を取得した者は、当該農業委員会が定めた農地移動適正化あっせん基準等を満たしているか

POINT

　所有権を取得した者が登録免許税の控除を受けるためには、農地移動適正化あ
っせん事業の基準を満たし、かつ1年以内に登記することが必要です。

農地の所有権を取得した地域農業の担い手である買主は、農業委員会が定めた農地移動適正化あっせん基準を満たすことによって、登録免許税が1000分の10の税率となります（租特77）。

また、控除を受けるためには農用地利用集積計画の公告以後、1年以内に登記をすることが必要となります（租特77、租特令42の4①）。

3　控除の申告には市町村長による証明の添付が必要

POINT

控除を受けるためには、税申告の際に市町村長の証明の添付が必要です。

税制の控除を受けるためには、市町村長より、要件を満たしていることの証明を受けることが必要となります。

第11章　その他　　　　279

【参考書式】
○譲渡所得（所得又は連結所得）の特別控除に係る土地等についての証明願

（様式第8号）

譲渡所得（所得又は連結所得）の特別控除に係る土地等についての証明願

平成〇〇年〇〇月〇〇日

〇　〇　市町村長　　殿

住所（事務所）〇〇県〇〇市〇〇町〇－〇

氏名（名　称）〇〇〇〇　　　　　　印

（代表者）〇〇〇〇

　　租税特別措置法第34条の3第1項（第65条の5第1項又は第68条の76第1項）
の規定による土地等を譲渡した場合の譲渡所得（所得又は連結所得）の特別控除の適用を
受けるため、下記の土地等は、<u>農業経営基盤強化促進法第19条の規定による公告があっ
た農用地利用集積計画の定めるところにより譲渡したものであり</u>、かつ、当該土地等が農
業振興地域の整備に関する法律第8条第2項第1号に規定する農用地区域内にあることを
証明願います。

記

土地等の所在	地番	地目	地積	<u>農用地利用集積計画の公告の年月日</u>	備　考
〇〇県〇〇市〇〇町	〇〇	畑	3,731 ㎡	〇〇〇〇年〇〇月〇〇日	

（注1）土地等の権利移転が農用地利用集積計画の公告によるものであることを明らかに
　　　　する表示のある登記事項証明書を確定申告書等（連結確定申告書等）に添付する場
　　　　合は、当該土地等が農用地区域内にあることの証明のみでよいこととされているの
　　　　で、下線部は削除すること。
（注2）当該土地等の所有権移転が農業経営基盤強化促進法第7条第1項第2号に規定す
　　　　る事業に係るものである場合は、信託財産である旨並びに当該信託に係る受託者（農
　　　　地中間管理機構）の住所及び名称を備考欄に記載するものとし、この場合は（注1）
　　　　にかかわらず、当該土地等の権利移転が農用地利用集積計画の公告によるものであ
　　　　ることを明らかにする表示のある登記事項証明書を確定申告書等（連結確定申告書
　　　　等）に添付すること。
（注3）当該土地等の所有権移転が農業協同組合法第10条第3項に規定する信託に係る
　　　　ものである場合は、信託財産である旨並びに当該信託に係る受託者（農業協同組合）
　　　　の住所及び名称を備考欄に記載するものとし、この場合は（注1）にかかわらず、
　　　　当該土地等の権利移転が農用地利用集積計画の公告によるものであることを明らか
　　　　にする表示のある登記事項証明書を確定申告書等（連結確定申告書等）に添付する
　　　　こと。

第　〇〇　号
　上記のとおり相違ないことを証明します。
平成〇〇年〇〇月〇〇日

〇　〇　市町村長　　　〇〇〇〇　　　　印

（平6・1・25　6構改B1　様式第8号）

○登録免許税の税率の軽減措置に係る土地の取得についての証明願

（様式第9号）

登録免許税の税率の軽減措置に係る土地の取得についての証明願

平成○○年○○月○○日

○ ○ 市町村長　殿

住所（事務所）　○○県○○市○○町○－○
氏名（名　称）　○○○○
（代表者）○○○○　　　　　　印

　租税特別措置法第77条の規定による所有権の移転の登記に係る登録免許税の税率の軽減を受けたいので、下記事項について証明願います。

記

1　土地の表示

土 地 の 所 在	地 番	地 目	地 積	農用地利用集積計画の公告の年月日	土 地 の 取得年月日
○○県○○市○○町	○○	畑	3,731 ㎡	○○○○年○○月○○日	○○○○年○○月○○日

（注）土地の取得年月日は、農用地利用集積計画書の所有権の移転時期欄に記載する確定した日付とすること。

2　当該申請者は、租税特別措置法施行令第42条の4第1項に規定する効率的かつ安定的な農業経営を行う者としての農林水産大臣が定める基準を満たしていること。

3　当該土地は、農業経営基盤強化促進法第4条第4項第1号に規定する利用権設定等促進事業により取得した土地であること。

4　当該土地は、農業振興地域の整備に関する法律第8条第1項の農業振興地域整備計画において同条第2項第1号の農用地区域として定められている区域内に存すること。

5　当該土地は、農業経営基盤強化促進法第4条第1項第1号に規定する農用地又は同項第2号に掲げる土地若しくは開発して当該農用地とすることが適当な土地であること。

第　○○　号

　上記のとおり相違ないことを証明します。

平成○○年○○月○○日

○ ○ 市町村長　　　○○○○　　　印

（平6・1・25　6構改B1　様式第9号）

第11章　その他　　281

Case44　一人の権利者が耕作している相続未登記の農地を第三者の農業者に貸したい

他界した祖父名義で登記されている農地を耕作しています。

高齢化したので、市役所に耕作してくれる人を探してもらいたいと思っています。祖父の配偶者である祖母、また直系卑属である父親をはじめ他の2人の兄弟も10年以上前に他界し、自分には、最近では連絡が途絶えている他の県に住む弟と妹がいますが、毎年の固定資産税は耕作している自分が負担しています。

2018年11月より、一定の手続を経れば、このような農地も地域の農業者等に貸すことができると聞いたのですが、どのように手続等を進めればよいのでしょうか。

◆チェック

□　農地は農地中間管理事業が実施できる農業振興地域にあるか
□　申出者は農地貸付けの期間や貸借方法を決めているか
□　知り得る農地の共有者等はあるか
□　手続には一定の期間を要する

解　説

1　農地は農地中間管理事業が実施できる農業振興地域にあるか

POINT

本制度は農地中間管理機構を通じて農地を貸し付ける仕組みです。

2018年11月16日に農業経営基盤強化促進法の一部改正が施行され、本ケースのような農地、いわゆる共有者不明農地についての貸借が可能になりました。

ただし、農地中間管理機構を通じての貸借となりますので（農経基盤21の2①）、当該農地が、農地中間管理事業が実施可能な農業振興地域（※）にあることが要件となります（農地中間2③）。

※令和元年5月24日法律12号の改正により、改正法施行後（公布日から1年3か月を超えない範囲内で政令で定める日から施行）は農地中間管理事業の実施地域を市街化区域以外まで拡大（改正農地中間2③）

　当該農地が農業振興地域にあり、手続を進めようとする場合は、まずその農地を貸したい旨の意向を市町村の担当課に伝えます。

2　申出者は農地貸付けの期間や貸借方法を決めているか

POINT

　期間や貸借方法については、市町村に意向を伝える際にその内容を伝える必要があります。

　意向を受けた市町村は、農地中間管理機構への農用地利用集積計画の案を作成しますが、その際に貸付期間（20年を超えない期間）や賃貸借であればその賃料及び支払先（通常は現に農地を管理している者・固定資産税を支払っている者等）を決める必要がありますので、その内容を市町村に伝えます（平24・5・31　24経営564　第10・7・別紙11・第2・1）。

3　知り得る農地の共有者等はあるか

POINT

　当該農地のある農業委員会は、農地の共有持分を有する者の探索をし、さらに申出者等から共有持分を有すると思慮される者について聞き取り、把握したそれらの者に対し、貸借の同意について確認をします。

　農用地利用集積計画案を作成した市町村は、農業委員会に対し、共有持分を有する者であって確知することができない者の探索を行うよう要請をします（農経基盤21の2①）。

　探索の要請を受けた農業委員会は、①登記事項証明書より所有権の登記名義人等の氏名や住所の確認をし、②その住民票の写し等の確認により登記名義人が死亡しているときは、戸籍全部事項証明書等によりその配偶者や子について住所等を確認し、③死亡から5年を経過したことが明らかな場合は探索を終了します（平24・5・31　24経営564　第10・7・別紙11・第2）。本ケースはこれに当たります。

　また、①農地台帳に記録された者、②農地を占有している者等から聞き取り等をし、共有持分を有すると思慮される者が判明したときは、農業委員会が共有持分を有する者を特定し、簡易書留等により、農用地利用集積計画に対する同意の有無を取得しま

す。この際、2週間以内に返信がない場合は、不明者として取り扱うことになります（平24・5・31　24経営564　第10・7・別紙11・第2）。

　本ケースの場合、農業委員会が他県に住む弟と妹に対し、農用地利用集積計画の同意の有無等について取得することになります。

4　手続には一定の期間を要する

> **POINT**
>
> 　公示を行うため、手続には一定の期間を要します。

　弟と妹から同意を得られた、また2週間以内に返信がない場合は、農業委員会が農用地利用集積計画等を6か月公示し、反対者が現れなかったときは、農用地利用集積計画について同意したものとみなされ、市町村が農用地利用集積計画を公告することにより、農地中間管理機構に利用権が設定されることになります（農経基盤20の3、平24・5・31　24経営564　第10・7・別紙11・第3）。

284 第11章 その他

【参考書式】
〇農業委員会より共有持分を有すると思慮される者に送付される同意書

参考様式8

共有者不明農用地に係る農用地利用集積計画への同意について

〇〇〇〇 年 〇〇 月 〇〇 日

住所：〇〇県〇〇市〇〇町〇－〇
氏名：〇〇〇〇　　殿

〇〇市 農業委員会会長　印

　農業経営基盤強化促進法（昭和55年法律第65号）では、所有者が分からない農用地であっても、共有者の一人が判明していれば、農業委員会の探索・公示を経て農地中間管理機構に農用地を貸付けることが可能となる措置が講じられています。

　今般、下記の共有者不明農用地については、地域の担い手等による利用の意向があったことから、農業経営基盤強化促進法第21条の2第2項に基づき、不確知共有者に関する情報の探索を行いました。その結果、貴殿が共有持分を有する可能性があることが分かったことから本書類をお送りしております。

　〇〇市町村では、当該農用地について、地域の農用地を保全・活用していく観点から、別添の農用地利用集積計画により、農地中間管理機構に貸し付けることを検討しており、当農業委員会では〇〇市町村からの要請を受けて、共有持分を持つ方への当該計画への同意の可否を確認しております。

　つきましては、別紙により、
①当該農用地利用集積計画に同意する
②当該農用地利用集積計画には同意しないが、自ら耕作する等により農用地の活用を行う。
③当該農用地利用計画に同意せず、かつ自らによる農用地の活用も予定していない
のいずれかを御回答下さい。

　なお、③をご選択いただいた場合には、当該農用地が遊休化することを防止するため、農地法第43条の規定による都道府県知事の裁定により、最終的に農地中間管理機構に利用権が設定される可能性があることにご留意下さい。

　以上を踏まえて、別紙に必要事項を記入の上、〇月〇日（※）までに返送してくださいますようお願いいたします。

(注)
- 期限までに返信がない場合には農業経営基盤強化促進法第21条の3に基づく6か月間の公示を経て、当該農用地利用集積計画に従い、農地中間管理機構に賃借権又は使用貸借による権利が設定される場合があります。
- 農用地利用集積計画による貸付けが行われた場合には、農地中間管理機構から代表者である〇〇氏に賃料をお支払いすることとなりますが、貴殿にも当該農用地に係る費用（固定資産税や水利費等）を差し引いた金額のうち持分相当分については請求権がございますので、追って〇〇氏とご相談下さいますようよろしくお願いします。

記

[共有者不明農用地の所在等]

共有者不明農用地の所在・地番	地目	面積 (㎡)	設定しようとする権利の種類	内容	始期	存続期間	借賃	借賃の相手方	方法
○○県○○市○○町○○番	畑	○○○○	賃借権	普通畑	○○○○年○○月○○日	○○年	年○万円	○○○○	振込

【参考】所有者不明農地に係る都道府県知事の裁定制度について

　農地法上、遊休農地又はそのおそれのある農地であって、その所有者が分からない（共有持分の過半を有する者が分からない）場合には、農業委員会による公示等を経て、都道府県知事が農地中間管理機構に利用権を設定する旨の裁定を行えることとなっております。

　今般、上記の共有者不明農用地について、添付の農用地利用集積計画に同意いただけず、かつ、当該農用地の活用の予定もない場合には、当該農用地が上記裁定制度における遊休農地となるおそれのある農地に該当することとなります。そのため、都道府県知事の裁定を経て最終的に農地中間管理機構に利用権が設定される場合があります。

別紙

共有者不明農用地に係る農用地利用集積計画への同意について（回答）

〇〇〇〇年〇〇月〇〇日
住所　　　〇〇県〇〇市〇〇町〇ー〇
氏名　　　〇〇〇〇　　　　　印
電話番号　〇〇〇ー〇〇〇ー〇〇〇〇

　私は、下記共有者不明農用地について、共有持分を有しており、〇年〇月〇日付けで〇〇農業委員会会長から発出された「共有者不明農用地に係る農用地利用集積計画への同意について」について、下記のとおり回答します。

記

共有者不明農用地の所在・地番	地目	面積（㎡）	回答（以下の選択肢の番号（④の場合は、具体的内容）を記入）
〇〇県〇〇市〇〇町〇〇番	畑	〇〇〇〇	①

【回答の選択肢】
①　上記「共有者不明農用地に係る農用地利用集積計画への同意について」に添付された農用地利用集積計画に同意します。
②　上記「共有者不明農用地に係る農用地利用集積計画への同意について」に添付された農用地利用集積計画に同意しません。また、上記の共有者不明農用地については、自ら耕作する等により利用の増進を図ります。
③　上記「共有者不明農用地に係る農用地利用集積計画への同意について」に添付された農用地利用集積計画に同意しません。また、上記の共有者不明農用地について、自ら利用する予定はありません。
④　その他

注：当該農用地について、活用の意向がない場合、農地法（昭和27年法律第229号）第39条第１項の規定による都道府県知事の裁定により、農地中間管理機構に農地中間管理権の設定が行われる可能性があります。

（平24・5・31　24経営564　参考様式8）

第11章　その他　　287

Case45　農地の紛争を解決するため、農事調停を利用したい

　当家は、先祖伝来の農地を分家に当たる遠い親戚に貸していますが、この親戚が耕作を放棄し荒れてしまっています。この親戚は耕作をする意思がないことから、農地を返すよう何度も求めています。しかし、農地を明け渡してくれない状況です。裁判所に農事調停の申立てをしたいので手続を教えてください。

◆チェック

□　農地又は農業経営に付随する土地、建物その他の農業用資産に関する紛争か
□　管轄裁判所はどこか
□　申立書に必要事項を記載したか
□　申立書添付書類は揃っているか

解　説

1　農地又は農業経営に付随する土地、建物その他の農業用資産に関する紛争か

> **POINT**
>
> 　農事調停は、農地又は農業経営に付随する土地、建物その他の農業用資産の貸借その他の利用関係の紛争に関する調停です（民調25）。

(1)　民事調停

　民事調停は、訴訟と異なり、話合いによりお互いが合意することで紛争解決を図る手続です。調停手続には、裁判官だけでなく一般市民から選ばれた調停委員が関与する点も訴訟と異なる点です。

　話合いにより当事者間に合意ができた場合、調停が成立することになります。調停における当事者の合意は、訴訟における判決と同様の強い効力を持つことになります。もっとも、調停はあくまで当事者の話合いによるものであるため、当事者間で合意形成ができなければ調停は不成立となります。調停が不成立となった場合には、訴訟に

288 第11章　その他

よる解決に進むことが考えられます。

(2)　一般民事調停との違い

　農事調停は、農地又は農業経営に付随する土地、建物その他の農業用資産（以下「農地等」といいます。）の貸借その他の利用関係に関する紛争であることから（民調25）、民事調停と異なり、小作官又は小作主事が調停手続に関与することになります。そのため、農事調停の申立てを受けた裁判所は、小作官又は小作主事に対し、遅滞なく、農事調停の申立てがあったことを通知します（民調規28①本文）。

　小作官又は小作主事は、調停手続の期日に出席し、又は調停手続の期日外において、調停委員会に対して意見を述べることができます（民調27）。また、調停委員会は、調停に際し、小作官又は小作主事の意見を聴かなければならないことになっています（民調28）。

2　管轄裁判所はどこか

POINT

　紛争の目的である農地等の所在地を管轄する地方裁判所又は当事者が合意で定めるその所在地を管轄する簡易裁判所が、農事調停の管轄裁判所となります（民調26）。

　農事調停は、紛争の目的である農地等の所在地を基準に管轄裁判所が決まります。

　紛争の目的である農地等の所在地を管轄する地方裁判所又は簡易裁判所が管轄となりますが、簡易裁判所が管轄裁判所となるのは当事者が所在地を合意で定めた場合に限定されています。

　農地等の紛争は、契約書の整備等も十分でないケースも多く相手方との間で合意管轄を定めているケースも多くないものと思料します。相手方との間で合意管轄を定めていない場合には、紛争の目的である農地等の所在地を管轄する地方裁判所に農事調停の申立てをすることになります。

3　申立書に必要事項を記載したか

POINT

　申立書には、①申立ての趣旨及び②紛争の要点並びに民事調停法24条において準用する非訟事件手続規則に規定する事項を記載し、申立人、利害関係参加人又は代理人が記名押印することが必要です（民調規3、非訟規1①）。

申立ての趣旨は、申立人が要求する結論を記載します。例えば、「相手方は、申立人に対して、別紙物件目録記載の農地を明け渡すこと」、「相手方は、申立人に対して、賃料を、20○○年○○月分から月額金○○円に増額する」等と記載することが考えられます。

紛争の要点は、当事者の概要、農地の概要、農地等の賃貸借契約の内容、当事者間の紛争に至った背景事情等を記載します。

また、申立書には次に掲げる事項を記載し、申立人、利害関係参加人又は代理人が記名押印することが必要です（非訟規1①）。

①　当事者及び利害関係参加人の氏名又は名称及び住所並びに代理人の氏名及び住所
②　当事者、利害関係参加人又は代理人の郵便番号及び電話番号（ファクシミリの番号を含みます。）
③　事件の表示
④　附属書類の表示
⑤　年月日
⑥　裁判所の表示

4　申立書添付書類は揃っているか

> **POINT**
>
> 申立書には、紛争の要点に関する証拠書類があるときは、その写しを添付する必要があります（民調規3）。

農事調停は、農地又は農業経営に付随する土地、建物その他の農業用資産に関する紛争です（民調25）。

土地に関して全部事項証明書や賃貸借契約書の写しを農事調停申立書に添付する必要があります。

建物が紛争の目的物となっている場合には、土地の場合と同様に全部事項証明書や賃貸借契約書の写しを農事調停申立書に添付します。

土地や建物以外の農業用資産として、トラクター等の農業用特殊車両や加工用機械設備等が想定されます。これらについては種類、メーカー名、型式、車台（機械）番号等が分かる資料を用意し添付することが考えられます。

第11章　その他

Case46 農地の紛争を解決するため、農業委員会による和解の仲介を利用したい

　自己所有している農地を知人の農業者に賃貸しているのですが、賃貸借を解約し、農地を返還してもらいたいと考えています。しかし、賃借人と離作条件などをめぐり紛争となっており、解決の手段として農業委員会による和解の仲介を利用したいと考えています。手続はどのようになっているのでしょうか。

◆チェック

□　和解の仲介制度を利用するには、農業委員会に申立てを行う
□　和解の仲介には当事者双方の出席が必要

解　説

1　和解の仲介制度を利用するには、農業委員会に申立てを行う

POINT

　当事者から農業委員会へ書面又は口頭にて申立てを行います。

　和解の仲介制度を利用するには、当事者の一方又は双方から農業委員会へ書面又は口頭にて申立てを行います（農地25、平21・12・11　21経営4608・21農振1599）。申立てを受けた農業委員会は仲介委員を指名し、仲介委員は当事者双方に、話合いの日時、場所を連絡します（農地令23①）。

　なお、和解の仲介制度の利用には、費用は必要ありません。

　また、農業委員会による和解の仲介が困難な場合には、都道府県知事等が行うことが可能となっています（農地28）。

2　和解の仲介には当事者双方の出席が必要

POINT

　双方の当事者が出席しないと、原則、和解の仲介は成立しません。

　話合いには、原則、双方の当事者本人が出席します（農地令23②）。話合いの結果、和解が成立したときは、和解調書が作成されます（農地令25）。

【参考書式】
○和解の仲介申立書

様式例第12号の1

和 解 の 仲 介 申 立 書

〇〇〇〇年〇〇月〇〇日

〇〇市農業委員会　御中

申立人　住所　〇〇県〇〇市〇〇町〇−〇
氏名　〇〇〇〇　　　印

1　相手方の住所及び氏名
　　住所　〇〇県〇〇市〇〇町〇−〇
　　氏名　〇〇〇〇　　　印
2　紛争に係る農地等の表示

所在・地番	地　　目		面積（㎡）	備　　考
	登記簿	現　況		
〇〇県〇〇市〇〇町〇〇番地	畑	畑	1,500	

3　申立ての趣旨
　　賃貸している上記の農地の返還を希望する。
4　紛争の経過の概要
　　上記の農地について、賃貸借を解約し返還を受けたい旨、賃借人に相談したところ、賃借人と離作条件などを
　めぐり紛争となっているため、和解の仲介を申し立てた。
5　その他参考となるべき事項
　　なし

（平21・12・11　21経営4608・21農振1599　別紙1　様式例第12号の1）

ケース別
農地をめぐる申請手続のチェックポイント
　　　　－権利取得・転用・税制等－

令和元年7月29日　初版発行

共　著　本　木　賢太郎
　　　　松　澤　龍　人
　　　　飯　田　淳　二

発行者　新日本法規出版株式会社
　　　　代表者　星　謙一郎

発行所　新日本法規出版株式会社
本　　社　(460-8455)　名古屋市中区栄1－23－20
総轄本部　　　　　　　電話　代表　052(211)1525
東京本社　(162-8407)　東京都新宿区市谷砂土原町2－6
　　　　　　　　　　　電話　代表　03(3269)2220
支　　社　札幌・仙台・東京・関東・名古屋・大阪・広島
　　　　　高松・福岡
ホームページ　http://www.sn-hoki.co.jp/

※本書の無断転載・複製は、著作権法上の例外を除き禁じられています。
※落丁・乱丁本はお取替えします。　　　　ISBN978-4-7882-8597-2
5100072　農地申請手続　　　　　Ⓒ本木賢太郎 他 2019 Printed in Japan